JN098482

New これだけシリーズ

電験3種 これだけ法規

改訂4版

時井 幸男 著

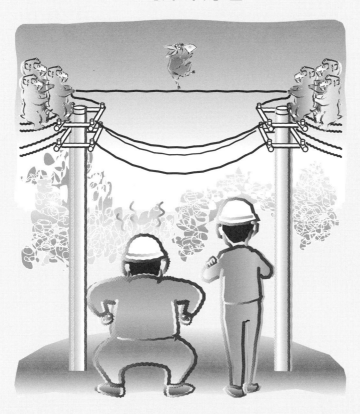

電気書院

電験3種 New これだけシリーズ
これだけ法規……………目次

●本書を活用するにあたって
●受験案内

だけ合格した場合は,「科目合格」となって,翌年度および翌々年度の試験では申請により当該科目の試験が免除されます.つまり,3年間で4科目に合格すれば第3種電気主任技術者試験に合格となります.

4 受験申込受付期間 (**2023 年度の例**)

上期試験 5 月 15 日㈪〜 6 月 1 日㈭

下期試験 11 月 13 日㈪〜 11 月 30 日㈭

申込期間は筆記方式・CBT 方式ともに同じです.

5 試験日

2023 年度の試験は以下の日程で行われます.

上期試験 2023 年 8 月 20 日㈰

（CBT 方式：7 月 6 日㈭〜 7 月 30 日㈰）

下期試験 2024 年 3 月 24 日㈰

（CBT 方式：2024 年 2 月 1 日㈭〜 2 月 25 日㈰）

6 試験会場で使用できる用具

筆記方式での受験の場合,HB の鉛筆または HB（または B）の芯を用いたシャープペンシル,鉛筆削り,プラスチック消しゴム,透明または半透明の定規,電卓（電池内蔵型で音のしないもの.開平機能必須.関数電卓は使用不可）,めがね,ルーペ,時計（時計機能だけのもの）.

CBT 方式での受験の場合,手荷物等私物は一切持ち込めません.試験会場で渡される筆記用具,メモ用紙,入室時に許可を得た電卓のみ持ち込めます.

7 問い合わせ先

試験に関する最新情報は,一般財団法人 電気技術者試験センターのホームページをご覧ください.

Tel 03-3552-7691

Fax 03-3552-7847

https://www.shiken.or.jp

受　験　案　内

1　試験概要

受験資格には，学歴，年齢，性別，経験等の制限はありません．

試験は第1表に示す科目・時間で行われます（試験時間は筆記方式の場合）．

第1表

科目名	理　　論	電　　力	機　　械	法　　規
試験時間	9:00 ～ 10:30	11:10 ～ 12:40	14:00 ～ 15:30	16:10 ～ 17:15
範　囲	電気理論，電子理論，電気計測および電子計測に関するもの	発電所および変電所の設計および運転，送電線路および配電線路（屋内配線含む）の設計および運用ならびに電気材料に関するもの	電気機器，パワーエレクトロニクス，電動機応用，照明，電熱，電気化学，電気加工，自動制御，メカトロニクスならびに電力システムに関する情報伝送および処理に関するもの	電気法規（保安に関するものに限る）および電気施設管理に関するもの
解答数	A問題　　14題 B問題　　*3題	A問題　　14題 B問題　　3題	A問題　　14題 B問題　　*3題	A問題　　10題 B問題　　3題

備考：1)　解答数欄の＊印については，選択問題を含んだ解答数です．
　　　2)　法規科目には「電気設備の技術基準の解釈について」（経済産業省の審査基準）に関するものを含みます．

2　出題形式

A問題については一つの問に対して一つを解答する方式，B問題については一つの問の中に小問を二つ設け，それぞれの小問に対して一つを解答する方式．

3　科目別合格制度

試験は科目ごとに合否が決定され，4科目すべてに合格すれば第3種電気主任技術者試験に合格となります．また，4科目中一部の科目

に，マンガ・イラストで重要なポイントを示しています．

バイパス解説　その学習テーマに関し，より幅広く知識を蓄えてもらうためのもので，学習の手順をより効率的にするために，詳しい解説とバイパス解説を区別することにより，理解度がさらに高められ，かつ幅広い知識が得られます．

ここが重要　最終的なまとめをしました．詳しい解説でどこが重要なのかは整理済みですから，暗記できる分量としました．

チャレンジ問題　最初のやさしい問題に対し，第3種レベルの実戦問題を収録しました．最後の実力チェックとして活用して下さい．

　最後に，学習は1回で終ることはありません．2回，3回と繰り返してやっと身につくのが学習です．

　本書を活用されることにより，皆様方が無事全員合格されることを祈念します．

本書を活用するにあたって

　第3種電気主任技術者国家試験（通称：電験第3種）は，電気関係国家試験の中でもむずかしく，また権威ある国家試験として古くからの歴史を有しています.

　そして，毎年2回（2022年度より年2回. 2023年度より筆記方式と合わせてCBT（Computer Based Testing）方式での試験も導入）実施されるこの試験の合格率は平均して10％前後になっています.

　では，この試験に合格するには，どのような学習方法をとり，どのような心構えで対処したらよいのでしょう. それには，この試験を受けるためのステップとなる第2種電気工事士試験，第1種電気工事士試験をまず受験し，合格することから始め，いよいよ本番に臨むという段階で，初めて受験学習を進めるにあたって最適な参考書・問題集を選択し，自分で決めたスケジュールどおり強い意志で実行することが大切です.

　本書は，このような初めて受験をする方を対象にまとめられたもので，以下のような効率的な活用法を繰り返すことにより必ずや合格点が得られることと思います.

　やさしい問題　　電験第3種は第2種・第1種工事士レベルの実力からの積み重ねが大切なので，本書は，まずこのレベルのやさしい問題を解くに必要な知識を紹介しながら問題に親しむ形になっています.

　要　点　　やさしい問題を解くにあたり，従来の参考書にありがちな，だらだらとした解説を避け，まず，このテーマのやさしい問題に対しての要点を整理してあります.

　詳しい解説　　やさしい問題の要点に対して，さらに深く掘り下げ，完璧に問題が理解でき正解できるまでの知識を整理してあります. さらに，この項での理解をより視覚的にするため

法規 〔1〕 → 電気工作物の種類を知ろう

やさしい問題

　　次の電気工作物のうち，電気事業法に基づく，自家用電気工作物に該当するものの組合せとして，正しいのは次のうちどれか．

① 400 V で受電し，受電電力の容量が 55 kW のマーケットに設置する電気工作物

② 200 V で受電し，受電電力の容量が 20 kW で，別に出力 50 kW の太陽電池発電設備を有する事務所に設置する電気工作物

③ 6 600 V で受電し，受電電力の容量が 35 kW で，別に出力 10 kW の太陽電池発電設備を有する事務所に設置する電気工作物

④ 200 V で受電し，受電電力の容量が 45 kW の事務所に設置する電気工作物

⑤ 200 V で受電し，受電電力の容量が 50 kW で，別に出力 5 kW のスターリングエンジン発電設備を有する病院に設置する電気工作物

(1)　①-②　　　(2)　①-⑤　　　(3)　②-③

(4)　②-④　　　(5)　②-⑤

 要点

　　電気事業法第 38 条では，電気工作物を**一般用電気工作物**と**事業用電気工作物**に分けている．さらに，**事業用電気工作物**は，一般送配電事業，送電事業，配電事業，特定送配電事業および発電事業であって，その事業の用に供する発電等用電気工作物が主務省令で定める要件に該当するもの（以上，いわゆる電気事業用電気工作物）と**自家用電気工作物**ならびに小規模事業用電気工作物に細分されている．

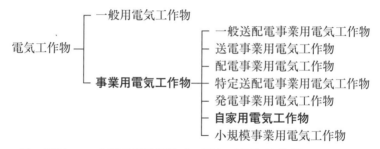

(1) 一般用電気工作物

次に掲げる電気工作物であって,**構内に設置**するもの.ただし,小規模発電設備(低圧の電気に係る発電用の電気工作物であって,経済産業省令で定めるものをいう.)以外の発電用の電気工作物と同一の構内に設置するものまたは爆発性もしくは引火性の物が存在するため電気工作物による事故が発生するおそれが多い場所として経済産業省令で定める場所に設置するものを除く.

① 電気を使用するための電気工作物であって,**低圧受電電線路**(当該電気工作物を設置する場所と同一の構内において低圧の電気を他の者から受電し,または他の者に受電させるための電線路をいう.)**以外の電線路**によりその**構内以外の場所**にある電気工作物と**電気的に接続されていない**もの.

② 小規模発電設備であって,次のいずれにも該当するもの.

(i) 出力が経済産業省令で定める出力未満のもの

次表のとおり.

(ii) **低圧受電電線路以外の電線路**によりその**構内以外の場所**にある電気工作物と**電気的に接続されていない**もの.

(注) **低圧とは 600 V 以下の電圧**をいう.

小規模発電設備の区分

区分	設備名	一般用 電気工作物	小規模事業用 電気工作物	備考
小規模発電設備 (注1) (注2)	太陽電池発電設備	出力 10 kW 未満 (注3)	出力 10 kW 以上 50 kW 未満	
	風力発電設備	—	出力 20 kW 未満	
	水力発電設備	出力 20 kW 未満	—	・ダムを伴うものを除く ・最大使用流量は 1m^3/s 未満
	内燃力を原動力とする火力発電設備	出力 10 kW 未満	—	
	燃料電池発電設備	出力 10 kW 未満	—	・燃料,改質系統設備の最高使用圧力は0.1MPa 未満
	スターリングエンジンを原動力とする発電設備	出力 10 kW 未満	—	

(注1)　**電圧は 600 V 以下**であること.
(注2)　同一構内に設置する他の設備との**出力の合計が 50 kW 以上**となるものを除く.
(注3)　同一構内に設置する二以上の太陽電池発電設備の**出力の合計は 10 kW 未満**であること.

(2)　事業用電気工作物

一般用電気工作物以外の電気工作物をいう.

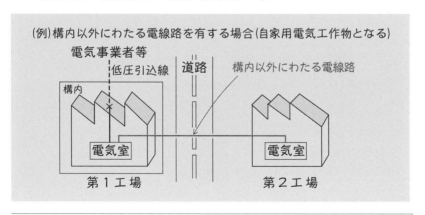

(3) 自家用電気工作物

次に掲げる事業の用に供する電気工作物および一般用電気工作物以外の電気工作物をいう.

① 一般送配電事業

② 送電事業

③ 配電事業

④ 特定送配電事業

⑤ 発電事業であって，その事業の用に供する発電等用電気工作物が主務省令で定める要件に該当するもの

(4) 小規模事業用電気工作物

事業用電気工作物のうち，次に掲げる電気工作物であって，構内に設置するものをいう.

① **太陽電池発電設備であって，出力 10 kW 以上 50 kW 未満のもの.**

② **風力発電設備であって，出力 20 kW 未満のもの.**

③ **低圧受電電線路以外の電線路**によりその**構内以外の場所**にある電気工作物と**電気的に接続されていないもの.**

㊟ 低圧とは **600 V 以下の電圧**をいう.

詳しい解説　(1) 自家用電気工作物について考えよう

次に該当する需要設備は，自家用電気工作物となる.

① 他の者（電気事業者等）から **600 V を超える**電圧で受電するもの

② **小規模発電設備以外**の発電設備を設置するもの

③ **構内以外にわたる電線路**を有するもの

④ 火薬類を製造する事業所に設置するもの（火薬類取締法に規定するもの）

⑤ 鉱山保安法施行規則が適用される石炭坑に設置するもの

(2) それでは本問について考えてみよう

自家用電気工作物に該当するものとは，電気事業用電気工作物，一

般用電気工作物および小規模事業用電気工作物以外のものである.

選択肢①, ④は, 600 V 以下の電圧で受電している需要設備であるので, 一般用電気工作物である.

選択肢②は, 600 V 以下の電圧で受電しているが, 太陽電池発電設備の出力が 50 kW であるので, 小規模発電設備とはみなされず, 自家用電気工作物となる.

選択肢③は, 600 V を超える電圧で受電しているので, 受電電力の容量および太陽電池発電設備の出力にかかわらず, 自家用電気工作物である.

選択肢⑤は, 600 V 以下の電圧で受電し, かつ, 出力 10 kW 未満のスターリングエンジン発電設備（小規模発電設備）であるので, 一般用電気工作物である.

以上の説明から, 正解は(3)となる.

 電気工作物は, 一般用電気工作物および事業用電気工作物に分類されている. これらの電気工作物は, 電気事業法および経済産業省令で定める電気設備技術基準等により保安上の規制を受けることになる.

(1) **電気事業法の目的**（事業法第 1 条）

電気事業法は, 電気事業の運営を適正かつ合理的ならしめることによって, 電気の使用者の利益を保護し, および電気事業の健全な発達を図るとともに, 電気工作物の**工事**, **維持**および**運用**を**規制**することによって, **公共の安全**を確保し, および**環境の保全**を図ることを目的としている.

(2) **電圧および周波数の値**（施行規則第 38 条）

電気事業法では, 次のように定めている

① 一般送配電事業者はその電気の供給場所において, **101±6 V**, **202±20 V** を超えない値に維持しなければならない.

② 周波数の値は, **その者が供給する電気の標準周波数に等しい値**とする.

電気も人もパワーアップ！

(3) 電圧の種別について

電気設備技術基準第2条で，電圧は，**低圧**，**高圧**および**特別高圧**の
3種に区分されている．

電圧の区分

	交 流	直 流
低 圧	600 V 以下	750 V 以下
高 圧	直流にあっては 750 V を，交流にあっては 600 V を超え，7 000 V 以下のもの	
特別高圧	7 000 V を超えるもの	

(注) 以上，以下とは，その数を含む．
超える，未満は，その数を含まない．

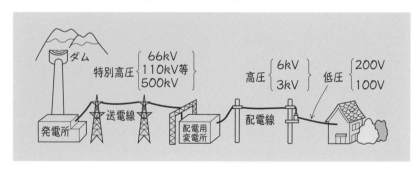

⑷　一般用電気工作物の調査の義務

電気事業法第 57 条および第 57 条の 2 では，調査の義務について次のように定めている．

① 　一般用電気工作物と直接に電気的に接続する電線路を維持し，および運用する者（以下「**電線路維持運用者**」という）は，その一般用電気工作物が経済産業省令で定める技術基準に適合しているかどうかを**調査**しなければならない．ただし，その一般用電気工作物の設置の場所に立ち入ることにつき，その**所有者または占有者**の承諾を得ることができないときは，この限りでない．

② 　電線路維持運用者は，調査の結果，一般用電気工作物が経済産業省令で定める技術基準に**適合していないと認める**ときは，遅滞なく，その技術基準に適合するようにするためとるべき措置およびその措置をとらなかった場合に生ずべき結果をその**所有者または占有者に通知**しなければならない．

③ 　電線路維持運用者は，経済産業大臣の登録を受けた者（以下「**登録調査機関**」という）にその**調査業務を委託**することができる．

次の事項を特に覚えよう．

① 　自家用電気工作物および小規模事業用電気工作物の定義

② 　電気事業法の目的

③ 　供給地点の電圧

④ 　電圧の種別

⑤ 　調査の義務

問1　次の文章は，「電気事業法」の目的についての記述である．

この法律は，電気事業の運営を適正かつ合理的ならしめることによって，電気の使用者の利益を保護し，および電気事業の健全な発達を図るとともに，電気工作物の工事，維持および　(ア)　を規制する

〔1〕電気工作物の種類を知ろう

ことによって，　 (イ) 　の安全を確保し，および 　(ウ) 　の保全を図る
ことを目的とする．

　上記の記述中の空白箇所(ア), (イ)および(ウ)に当てはまる組合せとして，
正しいのは次のうちどれか．

	(ア)	(イ)	(ウ)
(1)	操作	公共	電気工作物
(2)	操作	電気	電気工作物
(3)	操作	公共	環境
(4)	運用	電気	電気工作物
(5)	運用	公共	環境

問2　「電気事業法」に基づく，一般用電気工作物に該当するもの
は次のうちどれか．

　なお，(1)～(5)の電気工作物は，低圧受電電線路以外の電線路により，
その構内以外の場所にある電気工作物と電気的に接続されていないも
のとする．

(1)　受電電圧 6.6 kV，受電電力 60 kW の店舗の電気工作物

(2)　受電電圧 200 V，受電電力 30 kW で，別に発電電圧 200 V，出力
　　5 kW の内燃力による非常用予備発電装置を有する病院の電気工
　　作物

(3)　受電電圧 6.6 kV，受電電力 45 kW の事務所の電気工作物

(4)　受電電圧 200 V，受電電力 35 kW で，別に発電電圧 200 V，出力
　　50 kW の太陽電池発電設備を有する事務所の電気工作物

(5)　受電電圧 200 V，受電電力 30 kW で，別に発電電圧 100 V，出力
　　37 kW の太陽電池発電設備と，発電電圧 100 V，出力 15 kW の風
　　力発電設備を有する公民館の電気工作物

問3　次の文章は，「電気事業法」に規定される自家用電気工作物
に関する説明である．

　自家用電気工作物とは，一般送配電，送電，配電，特定送配電およ

〔1〕電気工作物の種類を知ろう

び発電事業の用に供する電気工作物および一般用電気工作物ならびに小規模事業用電気工作物以外の電気工作物であって，次のものが該当する．

a．□(ア)□以外の発電用の電気工作物と同一の構内に設置するもの

b．他の者から□(イ)□電圧で受電するもの

c．低圧受電電線路以外の電線路により□(ウ)□の電気工作物と電気的に接続されているもの

d．火薬類取締法に規定される火薬類（煙火を除く．）を製造する事業場に設置するもの

e．鉱山保安法施行規則が適用される石炭坑に設置するもの

上記の記述中の空白箇所(ア),(イ)および(ウ)に当てはまる組合せとして，正しいのは次のうちどれか．

	(ア)	(イ)	(ウ)
(1)	小規模発電設備	600Vを超える	構内以外
(2)	再生可能エネルギー発電設備	600Vを超える	構内
(3)	小規模発電設備	600V以上7000V以下の	構内
(4)	再生可能エネルギー発電設備	600V以上の	構内以外
(5)	小規模発電設備	600V以上の	構内以外

問4 次の文章は，「電気事業法」および「電気事業法施行規則」に基づく，電圧の維持に関する記述である．

一般送配電事業者は，その供給する電気の電圧の値をその電気を供給する場所において，表の左欄の標準電圧に応じて右欄の値に維持するように努めなければならない．

標準電圧	維持すべき値
100V	101Vの上下□(ア)□Vを超えない値
200V	202Vの上下□(イ)□Vを超えない値

〔1〕電気工作物の種類を知ろう

9

また，次の文章は，「電気設備技術基準」に基づく，電圧の種別等に関する記述である．

電圧は，次の区分により低圧，高圧および特別高圧の三種とする．

a. 低　　圧　　直流にあっては ⬚(ウ)⬚ V 以下，交流にあっては ⬚(エ)⬚ V 以下のもの

b. 高　　圧　　直流にあっては ⬚(ウ)⬚ V を，交流にあっては ⬚(エ)⬚ V を超え，⬚(オ)⬚ V 以下のもの

c. 特別高圧　　⬚(オ)⬚ V を超えるもの

上記の記述中の空白箇所(ア)，(イ)，(ウ)，(エ)および(オ)に当てはまる組合せとして，正しいのは次のうちどれか．

	(ア)	(イ)	(ウ)	(エ)	(オ)
(1)	6	20	600	450	6 600
(2)	5	20	750	600	7 000
(3)	5	12	600	400	6 600
(4)	6	20	750	600	7 000
(5)	6	12	750	450	7 000

法 規 〔2〕 ...→ 事業用電気工作物の保安体制ってどんなもの

やさしい問題

電気事業法施行規則で定める，第3種電気主任技術者が電気工作物の工事，維持および運用に関する保安上の監督をすることができる範囲は，電圧 ［ (ア) ］kV 未満の ［ (イ) ］電気工作物（出力 ［ (ウ) ］kW 以上の発電所または蓄電所を除く.）の工事，維持および運用である.

上記の記述中の空白箇所(ア)，(イ)および(ウ)に当てはまる組合せとして，正しいのは次のうちどれか.

	(ア)	(イ)	(ウ)
(1)	100	事業用	10 000
(2)	100	自家用	5 000
(3)	50	事業用	5 000
(4)	50	自家用	3 000
(5)	30	一般用	3 000

要点

電気事業法では，事業用電気工作物の保安体制として，事業用電気工作物の設置者が行う自主保安体制と国が関与する監督体制について定めている.

(1) 自主保安体制

自主保安体制として，技術基準への適合，保安規程の制定・届出，主任技術者の選任等がある.

(2) 国が関与する監督体制

国が関与する監督体制として，工事計画の届出，電気事故の報告義務等がある.

(1) 自主保安体制について考えよう

(a) 事業用電気工作物の維持（事業法第39条）

① 事業用電気工作物を設置する者は，事業用電気工作物を主務省令で定める技術基準に適合するように**維持**しなければならない.

② 前項の主務省令は，次に掲げるところによらなければならない.

(ⅰ) 事業用電気工作物は，**人体に危害**を及ぼし，または**物件に損傷**を与えないようにすること.

(ⅱ) 事業用電気工作物は，他の電気的設備その他の物件の機能に**電気的**または**磁気的**な障害を与えないようにすること.

(ⅲ) 事業用電気工作物の損壊により一般送配電事業者または配電事業者の**電気の供給**に著しい支障を及ぼさないようにすること.

(ⅳ) 省略

(b) 技術基準適合命令（事業法第40条）

主務大臣は，事業用電気工作物が技術基準に**適合していない**と認めるときは，事業用電気工作物を**設置する者**に対し，その技術基準に適合するように事業用電気工作物を修理し，改造し，もしくは移転し，もしくはその使用を**一時停止**すべきことを命じ，またはその使用を**制限する**ことができる.

〔2〕事業用電気工作物の保安体制ってどんなもの

(c) 保安規程の制定・届出（事業法第 42 条および施行規則第 50 条）

① **事業用電気工作物（小規模事業用電気工作物を除く.）** を設置する者は，事業用電気工作物の工事，維持および運用に対する**保安を確保**するため，事業用電気工作物の組織ごとに保安規程を定め，事業用電気工作物の使用（自主検査を伴うものはその工事）の**開始前**に，主務大臣に**届け出**なければならない.

② 事業用電気工作物を設置する者は，保安規程を変更したときは，**遅滞なく**，変更した事項を主務大臣に届け出なければならない.

③ 主務大臣は，事業用電気工作物の工事，維持および運用に関する保安を確保するため必要があると認めるときは，事業用電気工作物を設置する者に対し，**保安規程を変更**すべきことを命ずることができる.

④ 事業用電気工作物を**設置する者**およびその**従業者**は，保安規程を**守らなければならない**.

| 自家用電気工作物の保安規程に定めるべき事項 |

(i) 自家用電気工作物の工事，維持または運用に関する業務を管理する者の**職務**および**組織**に関すること

(ii) 自家用電気工作物の工事，維持または運用に従事する者に対する**保安教育**に関すること

(iii) 自家用電気工作物の工事，維持および運用に関する保安のための**巡視**，**点検**および**検査**に関すること

(iv) 自家用電気工作物の**運転**または**操作**に関すること

(v) 発電所または蓄電所の運転を相当期間停止する場合における**保全の方法**に関すること

(vi) 災害その他非常の場合にとるべき**措置**に関すること

(vii) 自家用電気工作物の工事，維持および運用に関する保安についての**記録**に関すること

(viii) 自家用電気工作物の法定自主検査または使用前自己確認に係る**実施体制**および**記録の保存**に関すること

(ix) その他，自家用電気工作物の工事，維持および運用に関する保安に関し必要な事項

(d) 主任技術者の選任（事業法第 43 条および施行規則第 56 条）

① 事業用電気工作物を設置する者は，事業用電気工作物の**工事，維持および運用に関する保安の監督**をさせるため，主任技術者免状の交付を受けている者のうちから，主任技術者を**選任**しなければならない．

② 自家用電気工作物を設置する者は，前項の規定にかかわらず，主務大臣の**許可**を受けて，主任技術者免状の交付を受けていない者を主任技術者として選任することができる．

③ 事業用電気工作物を設置する者は，主任技術者を選任したときは，**遅滞なく**，その旨を主務大臣に届け出なければならない．

④ 主任技術者は，事業用電気工作物の工事，維持および運用に関する**保安の監督**の職務を誠実に行わなければならない．

⑤ 事業用電気工作物の工事，維持または運用に従事する者は，主任技術者がその保安のためにする**指示**に従わなければならない．

| 第 3 種電気主任技術者が保安の監督をすることができる範囲 |

電圧 50 000 V 未満の事業用電気工作物（**出力 5 000 kW 以上の発電所を除く**）の工事，維持および運用

(2) 国が関与する監督体制について考えよう

(a) **工事計画の届出と安全管理審査**（事業法第 48 条および第 51 条）

電気工作物を設置または変更しようとするときは，電気工作物の種

届出の対象となる電気工作物（抜粋）

発電所	・出力 1 万 kW 以上の内燃力発電所の設置 ・**出力 500 kW 以上の燃料電池発電所または風力発電所**の設置 ・出力 2 000 kW 以上の太陽電池発電所の設置 ・出力 1000 kW 以上のガスタービン発電所の設置
需要設備	・受電電圧 1 万 V 以上の需要設備の設置 ・受電電圧 1 万 V 以上のものに係る他の者が設置する電気工作物と接続するための遮断器の設置 (例) **受電用遮断器** ・電圧 1 万 V 以上の機器であって，容量 1 万 kV·A または出力 1 万 kW 以上のものの設置

〔2〕事業用電気工作物の保安体制ってどんなもの

類に応じて，その工事計画について，主務大臣に届け出るとともに，その届出が受理された日から 30 日を経過した後でなければ工事を開始してはならない．

また，工事計画の届け出を行った電気工作物であって，主務省令で定めるものを設置する者は，使用前自主検査を行い，その結果を記録・保存しておくとともに，**安全管理審査**を受けなければならない．

(b) **事故報告**（報告規則第 3 条）

電気事故が発生したときは，事故の発生を知ったときから **24 時間以内可能な限り速やかに事故の発生の日時および場所，事故が発生した電気工作物ならびに事故の概要についての報告**を行うとともに，**30 日以内に所定の様式による報告書**を，電気工作物の設置の場所を管轄する産業保安監督部長（以下「管轄産業保安監督部長」という）に提出しなければならない．

報告すべき主な事故内容

(i) **感電死傷事故**

感電または電気工作物の破損もしくは電気工作物の誤操作もしくは電気工作物を操作しないことにより人が死傷した事故（死亡または病院もしくは診療所に入院した場合に限る．）．

(ii) **電気火災事故**（工作物にあっては，その半焼以上の場合に限る．）

(iii) **電気工作物の破損または電気工作物の誤操作等による事故**

破損または電気工作物の誤操作もしくは電気工作物を操作しないことにより，他の物件に損傷を与え，またはその機能の全部または一部を損なわせた事故．

(iv) **主要電気工作物の破損事故**

電圧 1 万 V 以上の需要設備の破損事故等．

（例）受電用遮断器，容量 1 万 kV・A 以上の変圧器等が対象．

(v) **供給支障事故**

電圧 3 000 V 以上の自家用電気工作物の破損または自家用電気工作物の誤操作もしくは自家用電気工作物を操作しないことにより，一般送配電事業者，配電事業者または特定送配電事業者に**供給支障**

---

〔2〕事業用電気工作物の保安体制ってどんなもの

を発生させた事故.

(c) 発電所の出力の変更等の報告（報告規則第 5 条）

自家用電気工作物を設置する者は，次の場合は**遅滞なく**，その旨を管轄産業保安監督部長に報告しなければならない.

(i) 発電所，蓄電所もしくは変電所の**出力**または送電線路もしくは配電線路の**電圧を変更**した場合.

(ii) 発電所，蓄電所，変電所その他の自家用電気工作物を設置する事業場または送電線路もしくは配電線路を**廃止**した場合.

以上の説明から，正解は(3)となる.

「**小規模事業用電気工作物に対する保安規制**」

小規模事業用電気工作物に対する規制措置は，次のとおりである.

① 設置者に対して，電気工作物が**技術基準に適合**した状態を維持する義務を課している.（事業法第 39 条）

② **基礎情報の届出**（事業法第 46 条および施行規則第 57 条）

所有者情報や設備に係る情報および保安管理を実務的に担う者等の基礎的な情報を経済産業大臣へ届け出る.

③ **使用前自己確認**（事業法第 51 条の 2）

電気工作物の運転開始前（使用前）に技術基準適合性を確認し，その結果を経済産業大臣へ届け出る.

④ **事故報告**（報告規則第 3 条の 2）

設置者は，次に掲げる事故が発生したときは，事業用電気工作物と同様に管轄産業保安監督部長に報告しなければならない.

(i) 感電死傷事故

(ii) 電気火災事故

(iii) 電気工作物の破損または電気工作物の誤操作等による事故

(iv) 小規模事業用電気工作物に属する主要電気工作物の損壊事故

次の事項を特に覚えよう.

① 保安規程の記載内容.

② 第 3 種電気主任技術者の保安監督の範囲.

〔2〕事業用電気工作物の保安体制ってどんなもの

③ 工事計画の届出の範囲と届出時期.

④ 電気事故の報告期限と報告すべき事故内容.

⑤ 事業用電気工作物の維持および技術基準適合命令

チャレンジ問題

さあ，最後の実力チェックです！

問1 次の文章は，「電気事業法」に基づく技術基準適合命令に関する記述である.

主務大臣は，事業用電気工作物が主務省令で定める技術基準に　（ア）　していないと認めるときは，事業用電気工作物を　（イ）　する者に対し，その技術基準に　（ア）　するように事業用電気工作物を修理し，改造し，もしくは移転し，もしくはその使用を　（ウ）　すべきことを命じ，またはその使用を制限することができる.

上記の記述中の空白箇所(ア),(イ)および(ウ)に当てはまる組合せとして，正しいのは次のうちどれか.

	(ア)	(イ)	(ウ)
(1)	適　合	管　理	一時停止
(2)	合　格	管　理	禁　止
(3)	合　格	設　置	禁　止
(4)	適　合	設　置	一時停止
(5)	適　合	管　理	禁　止

問2 次の文章は，「電気事業法施行規則」に基づく自家用電気工作物を設置する者が保安規程に定めるべき事項の一部に関しての記述である.

a 自家用電気工作物の工事，維持または運用に関する業務を管理する者の　（ア）　に関すること.

b 自家用電気工作物の工事，維持または運用に従事する者に対する　（イ）　に関すること.

c 自家用電気工作物の工事，維持および運用に関する保安のための巡視，点検および検査に関すること.

d　自家用電気工作物の運転または操作に関すること.

e　発電所または蓄電所の運転を相当期間停止する場合における
　　 ウ に関すること.

f　災害その他非常の場合に採るべき エ に関すること.

g　自家用電気工作物の工事,維持および運用に関する保安についての オ に関すること.

　上記の記述中の空白箇所(ア),(イ),(ウ),(エ)および(オ)に当てはまる組合せとして,正しいのは次のうちどれか.

	(ア)	(イ)	(ウ)	(エ)	(オ)
(1)	権限および義務	勤務体制	保全の方法	指揮命令	届　出
(2)	職務および組織	保安教育	保全の方法	措　置	記　録
(3)	権限および義務	保安教育	整備,補修	指揮命令	届　出
(4)	職務および組織	保安教育	整備,補修	措　置	届　出
(5)	権限および義務	勤務体制	整備,補修	指揮命令	記　録

問3　「電気事業法」および「電気事業法施行規則」に基づき,事業用電気工作物の設置または変更の工事の計画には主務大臣に事前届出を要するものがある.次の工事を計画するとき,事前届出の対象となるのはどれか.

(1)　受電電圧6600Vで最大電力2000kWの需要設備を設置する工事

(2)　受電電圧6600Vの既設需要設備に使用している受電用遮断器を新しい遮断器に取り替える工事

(3)　受電電圧6600Vの既設需要設備に使用している受電用遮断器の遮断電流を25%変更する工事

(4)　受電電圧22000Vの既設需要設備に使用している受電用遮断器を新しい遮断器に取り替える工事

(5)　受電電圧22000Vの既設需要設備に使用している容量5000kV・Aの変圧器を同容量の新しい変圧器に取り替える工事

---

〔2〕事業用電気工作物の保安体制ってどんなもの

問4　次の文章は，「電気事業法」における事業用電気工作物の維持に関する記述の一部である．

a　事業用電気工作物を設置する者は，事業用電気工作物を主務省令で定める技術基準に適合するように □(ア)□ しなければならない．

b　上記aの主務省令で定める技術基準では，次に掲げるところによらなければならない．

① 事業用電気工作物は，人体に危害を及ぼし，または □(イ)□ に損傷を与えないようにすること．

② 事業用電気工作物は，他の電気的設備その他の □(イ)□ の機能に電気的または □(ウ)□ 的な障害を与えないようにすること．

③ 事業用電気工作物の損壊により一般送配電事業者または配電事業者の電気の供給に著しい支障を及ぼさないようにすること．

上記の記述中の空白箇所(ア), (イ)および(ウ)に当てはまる組合せとして，正しいのは次のうちどれか．

	(ア)	(イ)	(ウ)
(1)	設置	物件	磁気
(2)	維持	設備	熱
(3)	設置	設備	熱
(4)	維持	物件	磁気
(5)	設置	設備	磁気

問5　自家用電気工作物を設置する者は，自家用電気工作物において感電死傷事故（死亡または病院等に治療のために入院した場合）が発生したときは，電気関係報告規則により管轄産業保安監督部長に事故報告をしなければならないが, その報告の方式と報告期限について,

(ア) 事故の概要等の報告を事故の発生を知ったときから24時間以内に行う．

(イ) 事故の概要等の報告を事故の発生を知ったときから48時間以内に行う．

(ウ) 所定の様式による報告書を事故の発生を知った日から起算して

7日以内に提出する.

　(エ)　所定の様式による報告書を事故の発生を知った日から起算して30日以内に提出する.

　(オ)　所定の様式による報告書を事故の発生を知った日から起算して40日以内に提出する.

とするとき，正しい記述を組合せたのは次のうちどれか.

　(1)　(ア)と(オ)の記述　　(2)　(ア)と(エ)の記述　　(3)　(ア)と(ウ)の記述

　(4)　(イ)と(オ)の記述　　(5)　(イ)と(エ)の記述

問6　次の文章は，「電気関係報告規則」に基づく，自家用電気工作物を設置する者の報告に関する記述である.

　自家用電気工作物（原子力発電工作物を除く.）を設置する者は，次の場合は，遅滞なく，その旨を当該自家用電気工作物の設置の場所を管轄する産業保安監督部長に報告しなければならない.

　a．発電所，蓄電所もしくは変電所の　(ア)　または送電線路もしくは配電線路の　(イ)　を変更した場合（電気事業法の規定に基づく，工事計画の認可を受け，または工事計画の届出をした工事に伴い変更した場合を除く.）

　b．発電所，蓄電所，変電所その他の自家用電気工作物を設置する事業場または送電線路もしくは配電線路を　(ウ)　した場合

　上記の記述中の空白箇所(ア),(イ)および(ウ)に当てはまる組合せとして，正しいのは次のうちどれか.

	(ア)	(イ)	(ウ)
(1)	出　力	こう長	廃　止
(2)	位　置	電　圧	譲　渡
(3)	出　力	こう長	譲　渡
(4)	位　置	こう長	移　設
(5)	出　力	電　圧	廃　止

〔2〕事業用電気工作物の保安体制ってどんなもの

法　規 〔3〕 電気工事士法および電気工事業法について知ろう

やさしい問題

　次の文章は，「電気工事士法」に基づく同法の目的および電気工事士免状等に関する記述である.

　この法律は，電気工事の　(ア)　に従事する者の資格および　(イ)　を定め，もって電気工事の　(ウ)　による災害の発生の防止に寄与することを目的としている.

　この法律に基づき，自家用電気工作物の工事（特殊電気工事を除く）に従事することができる　(エ)　電気工事士免状がある.

　上記の記述中の空白箇所(ア), (イ), (ウ)および(エ)に当てはまる組合せとして，正しいのは次のうちのどれか.

	(ア)	(イ)	(ウ)	(エ)
(1)	業務	権利	事故	第二種
(2)	作業	義務	欠陥	第一種
(3)	作業	条件	事故	自家用
(4)	仕事	権利	不良	特殊
(5)	業務	条件	欠陥	自家用

要点

　電気工事の欠陥による災害の発生を防止し，電気保安を確保するため，電気工事士法および電気工事業法（電気工事業の業務の適正化に関する法律）が定められている.

　電気工事士には，一般用電気工作物等（小規模事業用電気工作物を含む）の電気工事に従事できる第二種電気工事士，**最大電力500 kW未満の自家用電気工作物の電気工事**に従事できる第一種電気工事士等がある. なお，最大電力500 kW以上の自家用電気工作物の電気工事については，特に資格要件は定めておらず，電気主任技術者の監督のもとで電気工事の作業に従事することになる.

また，電気工事業法では，電気工事業の業務を営む者の業務の規制を行うことによって，電気保安の確保を図っている.

詳しい解説

(1) 電気工事士法の目的（工事士法第1条）
　この法律は，電気工事の作業に従事する者の**資格**および**義務**を定め，もって電気工事の**欠陥**による**災害の発生の防止**に寄与することを目的とする.

(2) 電気工事士等の種類と作業範囲（工事士法第3条および施行規則第2条の2）
　電気工事士等の種類と作業範囲は，次のとおりである.

電気工事士等の種類と作業範囲

電気工事士等の種類		資格者が従事できる作業範囲
第一種電気工事士		**一般用電気工作物等**および**自家用電気工作物**の電気工事（特殊電気工事は除く）
認定電気工事従事者		**電圧600 V以下**で使用する**自家用電気工作物**に係る電気工事（電線路に係るものを除く）
特種電気工事資格者	ネオン工事資格者	**自家用電気工作物**の電気工事で特殊なもの（ネオン用として設置される分電盤，主開閉器，タイムスイッチ，点滅器，ネオン変圧器，ネオン管等に係る工事）
	非常用予備発電装置工事資格者	**自家用電気工作物**の電気工事で特殊なもの（非常用予備発電装置として設置される原動機，発電機，配電盤等に係る工事）
第二種電気工事士		**一般用電気工作物等**の電気工事

(3) 電気工事業法の目的（電気工事業の業務の適正化に関する法律第1条）
　この法律は，電気工事業を営む者の登録等およびその業務の規制を行うことにより，その業務の適正な実施を確保し，もって一般用電気工作物等および自家用電気工作物の保安の確保に資することを目的としている.

(4) 電気工事業者の登録等（同法律第2条，第3条，第17条の2）
　電気工事業とは，一般用電気工作物等または最大電力500 kW未満

〔3〕電気工事士法および電気工事業法について知ろう

の自家用電気工作物を設置し，または変更する電気工事を行う事業をいう．

電気工事業者は，**登録電気工事業者**と**通知電気工事業者**とに分けられる．

(a) 登録電気工事業者

① 一般用電気工作物等を設置し，または変更する電気工事業を営もうとする者

② 一般用電気工作物等および自家用電気工作物を設置し，または変更する電気工事業を営もうとする者

上記の者は，**2以上の都道府県**の区域内に営業所を設置してその事業を営もうとするときは**経済産業大臣**の，**1の都道府県**の区域内に営業所を設置してその事業を営もうとするときは当該営業所の所在地を管轄する**都道府県知事の登録**を受けなければならない．

(b) 通知電気工事業者

自家用電気工作物に係る電気工事のみに係る電気工事業を営もうとする者は，経済産業省令で定めるところにより，その事業を開始しようとする日の**10日前**までに，**2以上の都道府県**の区域内に営業所を

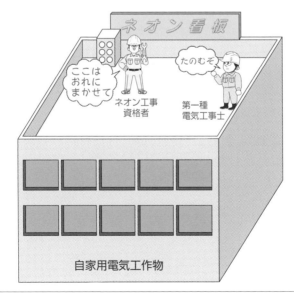

設置してその事業を営もうとするときは**経済産業大臣**に，**1 の都道府県**の区域内に営業所を設置してその事業を営もうとするときは当該営業所の所在地を管轄する**都道府県知事**にその旨を**通知**しなければならない．

　以上の説明から，正解は(2)となる．

　次の事項を特に覚えよう．
① 電気工事士法の目的．
② 電気工事士法で定める自家用電気工作物とは，最大電力 500 kW 未満のものをいう．
③ 電気工事士等の種類と作業範囲．
④ 登録電気工事業者および通知電気工事業者について

 チャレンジ問題

さあ，最後の実力チェックです！

問 1 電気工事士法に基づく自家用電気工作物（最大電力 500 kW 未満の需要設備）の電気工事の作業に従事することができる者の資格と電気工事に関する記述として，正しいのは次のうちどれか．
(1) 認定電気工事従事者は，200 V で使用する電動機に至る低圧屋内配線工事の作業に従事することができる．
(2) 第一種電気工事士は，非常用予備発電装置として設置される原動機および発電機の電気工事の作業に従事することができる．
(3) 第二種電気工事士は，受電設備の低圧部分の電気工事の作業に従事することができる．
(4) 第二種電気工事士は，ネオン用として設置される分電盤の電気工事の作業に従事することができる．
(5) 第二種電気工事士は，100 V で使用する照明器具に至る低圧屋内配線工事の作業に従事することができる．

---

〔3〕電気工事士法および電気工事業法について知ろう

問2 次の文章は，「電気工事業の業務の適正化に関する法律」に規定されている電気工事業者に関する記述である．

この法律において，「電気工事業」とは，電気工事士法に規定する電気工事を行う事業をいい，「□(ア)□電気工事業者」とは，経済産業大臣または□(イ)□の□(ア)□を受けて電気工事業を営む者をいう．また，「通知電気工事業者」とは，経済産業大臣または□(イ)□に電気工事業の開始の通知を行って，電気工事士法に規定する□(ウ)□電気工作物のみに係る電気工事業を営む者をいう．

上記の記述中の空白箇所(ア)，(イ)および(ウ)に当てはまる組合せとして，正しいのは次のうちどれか．

	(ア)	(イ)	(ウ)
(1)	承 認	都道府県知事	一般用
(2)	許 可	産業保安監督部長	一般用
(3)	登 録	都道府県知事	一般用
(4)	承 認	産業保安監督部長	自家用
(5)	登 録	都道府県知事	自家用

法 規 〔4〕 ⋯⋯→ 電気用品安全法について知ろう

やさしい問題

電気用品安全法において，「電気用品」とは，次に掲げるものをいう．

(一)　　（ア）　電気工作物の部分となり，またはこれに接続して用いられる機械，器具または材料であって，政令で定めるもの

(二)　　（イ）　であって，政令で定めるもの

(三)　蓄電池であって，政令で定めるもの

また，この法律において，「　（ウ）　電気用品」とは，構造または使用方法その他の使用状況からみて特に危険または障害の発生するおそれが多い電気用品であって，政令で定めるものをいう．

上記の記述中の空白箇所(ア)，(イ)および(ウ)に当てはまる組合せとして，正しいのは次のうちどれか．

	(ア)	(イ)	(ウ)
(1)	一般用	直流電源装置	特定
(2)	自家用	携帯発電機	特種
(3)	事業用	非常用予備発電機	特別
(4)	自家用	直流電源装置	特別
(5)	一般用	携帯発電機	特定

要点

　一般用電気工作物等に使用する配線器具，電気機械器具，電線などの政令で定める電気用品は，電気用品安全法に適合するものを使用しなければならない．

また，電気用品安全法では，構造または使用方法その他の使用状況からみて，特に危険または障害の発生するおそれが多い電気用品を特定電気用品と定め，それ以外の政令で定める電気用品を特定電気用品以外の電気用品としている．

詳しい解説

(1) 電気用品安全法の目的(用品安全法第1条)
　　この法律は，電気用品の**製造，販売等**を規制するとともに，電気用品の安全性の確保につき民間事業者の自主的な活動を促進することにより，電気用品による**危険**および**障害の発生を防止**することを目的とする.

(2) 電気用品の定義（用品安全法第2条）
この法律において「電気用品」とは，次に掲げるものをいう.
① **一般用電気工作物等**の部分となり，またはこれに接続して用いられる**機械，器具**または**材料**であって，政令で定めるもの.
② **携帯発電機**であって，政令で定めるもの.
③ **蓄電池**であって，政令で定めるもの.

(3) 特定電気用品（用品安全法第2条）
構造または使用方法その他の使用状況からみて特に**危険**または**障害の発生**するおそれが多い電気用品であって，政令で定めるもの.
〈例〉 コード，温度ヒューズ，電気温水器，自動販売機，携帯発電機等

(4) **特定電気用品以外の電気用品**
特定電気用品以外のものであって，政令で定めるもの.
〈例〉 電線管類，扇風機，ラジオ受信機等.

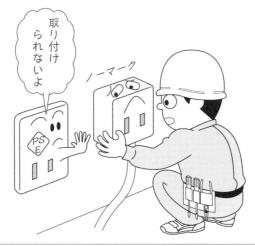

(5) 規制内容（用品安全法第3条，第9条，第10条）

届出	電気用品の**製造**または**輸入**の事業を行う者は，事業開始の日から**30日以内**に経済産業大臣に届け出る．
特定電気用品の適合性検査	特定電気用品を販売するときまでに，適合性検査を受け，かつ，証明書の交付を受け，これを保存する．
表示義務	経済産業省令で定める方式による表示を付す． 特定電気用品……………………  または〈PS〉Eの記号等 特定電気用品以外の電気用品……  または(PS)Eの記号等

以上の説明から，正解は(5)となる．

次の事項を特に覚えよう．
① 電気用品の定義と特定電気用品について．
② 規制内容．

チャレンジ問題

さあ，最後の実力チェックです！

問1 電気用品安全法において，「特定電気用品」とは，[　(ア)　]または使用方法その他の使用状況からみて特に[　(イ)　]または[　(ウ)　]の発生するおそれが多い電気用品であって，政令で定めるものをいう．

上記の記述中の空白箇所(ア)，(イ)および(ウ)に当てはまる組合せとして，正しいのは次のうちどれか．

	(ア)	(イ)	(ウ)
(1)	構造	事故	公害
(2)	工事	事故	欠陥
(3)	構造	危険	障害
(4)	工事	危険	公害
(5)	製造	条件	障害

問2 次の文章は,「電気用品安全法」に基づく電気用品に関する記述である.

1. この法律において「電気用品」とは,次に掲げる物をいう.

一 一般用電気工作物等（電気事業法第38条第1項に規定する一般用電気工作物および同条第3項に規定する小規模事業用電気工作物をいう.）の部分となり,またはこれに接続して用いられる機械,　ア　または材料であって,政令で定めるもの

二 　イ　であって,政令で定めるもの

三 蓄電池であって,政令で定めるもの

2. この法律において「　ウ　」とは,構造または使用方法その他の使用状況からみて特に危険または　エ　の発生するおそれが多い電気用品であって,政令で定めるものをいう.

上記の記述中の空白箇所(ア),(イ),(ウ)および(エ)に当てはまる組合せとして,正しいのは次のうちどれか.

	(ア)	(イ)	(ウ)	(エ)
(1)	電　線	小形発電機	特殊電気用品	火　災
(2)	器　具	小形発電機	特定電気用品	火　災
(3)	器　具	携帯発電機	特定電気用品	障　害
(4)	電　線	小形発電機	特定電気用品	障　害
(5)	電　線	携帯発電機	特殊電気用品	火　災

問3 次の文章は,「電気用品安全法」に基づく電気用品の電線に関する記述である.

a. 　ア　電気用品は,構造または使用方法その他の使用状況からみて特に危険または障害が発生するおそれが多い電気用品であって,具体的な電線については電気用品安全法施行令で定めるものをいう.

b. 定格電圧が　イ　V以上600V以下のコードは,導体の公称断面積および線心の本数に関わらず,　ア　電気用品である.

c 電気用品の電線の製造または　ウ　の事業を行う者は,その

電線を製造しまたは $\boxed{\text{(ウ)}}$ する場合においては，その電線が経済産業省令で定める技術上の基準に適合するようにしなければならない．

d．電気工事士は，電気工作物の設置または変更の工事に $\boxed{\text{(ア)}}$ 電気用品の電線を使用する場合，経済産業省令で定める方式による記号がその電線に表示されたものでなければ使用してはならない． $\boxed{\text{(エ)}}$ はその記号の一つである．

上記の記述中の空白箇所(ア)，(イ)，(ウ)および(エ)に当てはまる組合せとして，正しいのは次のうちどれか．

	(ア)	(イ)	(ウ)	(エ)
(1)	特　定	30	販　売	(PS)E
(2)	甲　種	30	販　売	<PS>E
(3)	特　定	50	輸　入	(PS)E
(4)	甲　種	100	販　売	(PS)E
(5)	特　定	100	輸　入	<PS>E

法 規
〔5〕 ➡ 用語の定義を知ろう

次の文章は，「電気設備技術基準」に基づく用語の定義に関する記述である．

「変電所」とは構外から伝送される電気を構内に施設した変圧器，□□□□，整流器その他の機械器具により変成する所であって，変成した電気をさらに構外に伝送するものをいう．

変電所の定義に関する上記の記述中の空白箇所に当てはまる語句として，正しいのは次のうちどれか．

(1) 回転変流器　　(2) 同期調相機　　(3) 誘導電動機

(4) 分路リアクトル　(5) 電力用コンデンサ

電気設備技術基準（以下「電技」という）第1条および電気設備技術基準の解釈（以下「電技解釈」という）第1条等では，用語の定義を定めている．なお，電技は保安上必要な機能要件のみを規定し，具体的な施設方法，数値等は電技解釈で示されている．

詳しい解説
(1) 用語の定義を知ろう

① **発電所**　発電機，原動機，燃料電池，太陽電池その他の機械器具を施設して電気を発生させる所をいう．

② **変電所**　構外から伝送される電気を構内に施設した変圧器，回転変流器，整流器その他の機械器具により変成する所であって，変成した電気をさらに構外に伝送するものをいう．

③ **連接引込線**　一需要場所の引込線および需要場所の造営物から分岐して，支持物を経ないで他の需要場所の引込口に至る部分の電線をいう．

④ **架空引込線**　架空電線路の支持物から他の支持物を経ずに需要場所の取付け点に至る架空電線．

---

⑤ **引込線** 架空引込線および**需要場所**の**造営物**の側面等に施設する電線であって当該**需要場所**の引込口に至るもの.

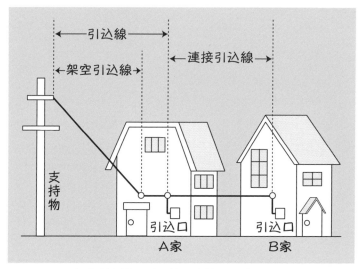

架空引込線, 引込線, 連接引込線の関係

⑥ **第一次接近状態** 架空電線が他の工作物と接近する場合において, 当該架空電線が他の工作物の上方または側方において, 水平距離で **3 m 以上**, かつ, 架空電線路の支持物の地表上の高さに相当する距離以内に施設されることにより, 架空電線路の**電線の切断**, **支持物の倒壊**等の際に, 当該電線が**他の工作物に接触**するおそれがある状態.

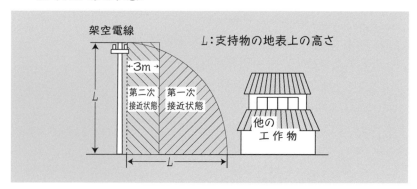

第一次接近状態と第二次接近状態の関係

⑦ **第二次接近状態** 架空電線が他の工作物と接近する場合におい
て，当該架空電線が他の工作物の上方または側方において水平距
離で **3 m 未満** に施設される状態．

［注］ 上記⑥，⑦は，電技解釈第 49 条の規定による．

以上の説明から，**正解は(1)となる．**

(2) その他知っておきたい用語

(a) 電技第 1 条関係

① **電路** 通常の使用状態で電気が通じているところをいう．

② **電気機械器具** 電路を構成する機械器具をいう．

③ **電線路** 発電所，変電所，開閉所およびこれらに類する場所な
らびに電気使用場所相互間の電線ならびにこれを支持し，または
保蔵する工作物をいう．

(b) 電技解釈第 1 条関係

① **電気使用場所** 電気を使用するための電気設備を施設した，1
の建物または 1 の単位をなす場所．

② **需要場所** 電気使用場所を含む 1 の構内またはこれに準ずる区
域であって，発電所，蓄電所，変電所および開閉所以外のもの．

③ **変電所に準ずる場所** 需要場所において高圧または特別高圧の
電気を受電し，変圧器その他の電気機械器具により電気を変成す
る場所．

④ **工作物** 人により加工された全ての物体．

⑤ **造営物** 工作物のうち，土地に定着するものであって，屋根お
よび柱または壁を有するもの．

⑥ **建造物** 造営物のうち，人が居住もしくは勤務し，または頻繁
に出入りもしくは来集するもの．

⑦ **難燃性** 炎を当てても燃え広がらない性質．

⑧ **自消性のある難燃性** 難燃性であって，炎を除くと自然に消え
る性質．

⑨ **不燃性** 難燃性のうち，炎を当てても燃えない性質．

⑩ **耐火性** 不燃性のうち，炎により加熱された状態においても著

しく変形または破壊しない性質．

⑪　**接触防護措置**　次のいずれかに適合するように施設することをいう．

　（ⅰ）　設備を，屋内にあっては床上 **2.3 m 以上**，屋外にあっては地表上 **2.5 m 以上**の高さに，かつ，人が通る場所から手を伸ばしても触れることのない範囲に施設すること．

　（ⅱ）　設備に人が接近又は接触しないよう，さく，へい等を設け，または設備を**金属管**に収める等の防護措置を施すこと．

⑫　**簡易接触防護措置**　次のいずれかに適合するように施設することをいう．

　（ⅰ）　設備を，屋内にあっては床上 **1.8 m 以上**，屋外にあっては地表上 **2 m 以上**の高さに，かつ，人が通る場所から容易に触れることのない範囲に施設すること．

　（ⅱ）　設備に人が接近または接触しないよう，さく，へい等を設け，または設備を**金属管**に収める等の防護措置を施すこと．

第一次接近状態と第二次接近状態を合わせて**接近状態**というが，これは接近の限界を定めたもので，この接近状態の中に他の工作物がある場合は，架空電線路自体を強化することが電技解釈第70条などで定められている．

次の事項を特に覚えよう.

① 用語の定義

② 架空引込線，引込線，連接引込線の関係

③ 第一次接近状態と第二次接近状態の差異

さあ，最後の実力チェックです！

問1 次の文章は，「電気設備技術基準の解釈」における用語の定義に関する記述の一部である.

a 「 ⟨ア⟩ 」とは，電気を使用するための電気設備を施設した，1の建物または1の単位をなす場所をいう.

b 「 ⟨イ⟩ 」とは， ⟨ア⟩ を含む1の構内またはこれに準ずる区域であって，発電所，蓄電所，変電所および開閉所以外のものをいう.

c 「引込線」とは，架空引込線および ⟨イ⟩ の ⟨ウ⟩ の側面等に施設する電線であって，当該 ⟨イ⟩ の引込口に至るものをいう.

d 「 ⟨エ⟩ 」とは，人により加工された全ての物体をいう.

e 「 ⟨ウ⟩ 」とは， ⟨エ⟩ のうち，土地に定着するものであって，屋根および柱または壁を有するものをいう.

上記の記述中の空白箇所(ア)，(イ)，(ウ)および(エ)に当てはまる組合せとして，正しいのは次のうちどれか.

	(ア)	(イ)	(ウ)	(エ)
(1)	需要場所	電気使用場所	工作物	建造物
(2)	電気使用場所	需要場所	工作物	造営物
(3)	需要場所	電気使用場所	建造物	工作物
(4)	需要場所	電気使用場所	造営物	建造物
(5)	電気使用場所	需要場所	造営物	工作物

問2 次の文章は，「電気設備技術基準の解釈」における，接触防護措置および簡易接触防護措置の用語の定義である.

a. 「接触防護措置」とは，次のいずれかに適合するように施設することをいう.

① 設備を，屋内にあっては床上 [(ア)] m 以上，屋外にあっては地表上 [(イ)] m 以上の高さに，かつ，人が通る場所から手を伸ばしても触れることのない範囲に施設すること.

② 設備に人が接近または接触しないよう，さく，へい等を設け，または設備を [(ウ)] に収める等の防護措置を施すこと.

b. 「簡易接触防護措置」とは，次のいずれかに適合するように施設することをいう.

① 設備を，屋内にあっては床上 [(エ)] m 以上，屋外にあっては地表上 [(オ)] m 以上の高さに，かつ，人が通る場所から容易に触れることのない範囲に施設すること.

② 設備に人が接近または接触しないよう，さく，へい等を設け，または設備を [(ウ)] に収める等の防護措置を施すこと.

上記の記述中の空白箇所(ア)，(イ)，(ウ)，(エ)および(オ)に当てはまる組合せとして，正しいのは次のうちどれか.

	(ア)	(イ)	(ウ)	(エ)	(オ)
(1)	2.3	2.5	絶縁物	1.7	2
(2)	2.6	2.8	不燃物	1.9	2.4
(3)	2.3	2.5	金属管	1.8	2
(4)	2.6	2.8	絶縁物	1.9	2.4
(5)	2.3	2.8	金属管	1.8	2.4

問3 次の文章は，「電気設備技術基準の解釈」に基づく第一次接近状態の定義に関する記述である.

第一次接近状態 架空電線が他の工作物と接近する場合において，当該架空電線が他の工作物の上方または [(ア)] において，水平距離で [(イ)] m 以上，かつ，架空電線路の [(ウ)] の地表上の高さに相当する距離以内に施設されることにより架空電線路の切断，支持物の倒壊等の際に，当該電線が他の工作物に接触するおそれがある状態.

〔5〕用語の定義を知ろう

36

上記の記述中の空白箇所(ア), (イ)および(ウ)に当てはまる組合せとして, 正しいのは次のうちどれか.

	(ア)	(イ)	(ウ)
(1)	側方	1.5	支持物
(2)	側方	3	支持物
(3)	側方	1.5	支持物の最上段の腕金
(4)	下方	3	支持物
(5)	下方	3	支持物の最上段の腕金

問4 次の文章は, 「電気設備技術基準」および「電気設備技術基準の解釈」に基づく用語の定義に関する記述である.

引込線および連接引込線は, それぞれ次のように定義されている.

(一) **引込線** ［ (ア) ］引込線および需要場所の造営物の［ (イ) ］等に施設する電線であって当該需要場所の引込口に至るもの.

(二) **連接引込線** 一需要場所の引込線および需要場所の造営物から分岐して, ［ (ウ) ］を経ないで他の需要場所の引込口に至る部分の電線をいう.

上記の記述中の空白箇所(ア), (イ)および(ウ)に当てはまる組合せとして, 正しいのは次のうちどれか.

	(ア)	(イ)	(ウ)
(1)	架空	下面	支持物
(2)	架空	側面	支持物
(3)	架空	上面	造営物
(4)	地中	下面	造営物
(5)	地中	側面	造営物

法 規 〔6〕 配線の使用電線と接続上の規制について知ろう

次の文章は，「電気設備技術基準の解釈」に基づく，電線の接続法に関する記述である．

電線の接続法については，一般に，電線の ▢(ア)▢ を増加させないこと，裸電線相互または裸電線と絶縁電線とを接続する場合は，原則として，電線の引張強さを ▢(イ)▢ ％以上減少させないこと，などが定められている．

上記の記述中の空白箇所(ア)および(イ)に当てはまる組合せとして，正しいのは次のうちどれか．

	(ア)	(イ)
(1)	接触抵抗	20
(2)	電気抵抗	10
(3)	接触抵抗	10
(4)	抵抗	20
(5)	電気抵抗	20

電技第21条，56条，57条では，配線の使用電線等について，さらに電技第7条および電技解釈第12条では，電線を接続する場合の規制を定めている．

(1) 配線の使用電線について考えよう

(a) 架空電線および地中電線の感電の防止（電技第21条）

① 低圧または高圧の架空電線には，感電のおそれがないよう，使用電圧に応じた**絶縁性能**を有する**絶縁電線**または**ケーブル**を使用しなければならない．

② 地中電線には，感電のおそれがないよう，使用電圧に応じた絶縁性能を有するケーブルを使用しなければならない．

(b) 配線の感電または火災の防止（電技第 56 条）

① 配線は，施設場所の状況および電圧に応じ，**感電または火災の**おそれがないように施設しなければならない．

② 移動電線を電気機械器具と接続する場合は，接続不良による**感電または火災の**おそれがないように施設しなければならない．

③ 特別高圧の移動電線は，第 1 項および前項の規定にかかわらず，施設してはならない．ただし，充電部分に人が触れた場合に人体に危害を及ぼすおそれがなく，移動電線と接続することが必要不可欠な電気機械器具に接続するものは，この限りでない．

(c) 移動電線の施設 **（抜粋）**（電技解釈第 171 条）

① 低圧の移動電線と屋内配線との接続には，**差込み接続器**を用いること．

② 高圧の移動電線と電気機械器具とは，**ボルト締め**その他の方法により堅ろうに接続すること．

③ 特別高圧の移動電線は，第 191 条の規定により**屋内**に施設する場合を除き，施設しないこと．

(d) 配線の使用電線（電技第 57 条）

① 配線の使用電線（**裸電線**および特別高圧で使用する**接触電線**を除く）には，**感電**または**火災**のおそれがないよう，施設場所の**状況**および**電圧**に応じ，使用上十分な**強度**および**絶縁性能**を有するものでなければならない．

② 配線には，**裸電線**を使用してはならない．ただし，施設場所の**状況**および**電圧**に応じ，使用上十分な強度を有し，かつ，絶縁性がないことを考慮して，配線が感電または火災のおそれがないように施設する場合は，この限りでない．

③ 特別高圧の配線には，**接触電線**を使用してはならない．

(2) 電線の接続法を知ろう

(a) 電線の接続（電技第 7 条）

電線を接続する場合は，接続部分において電線の**電気抵抗を増加さ**せないように接続するほか，**絶縁性能の低下**（裸電線を除く）および

通常の使用状態において**断線**のおそれがないようにしなければならない.

(b) 電線の接続法（抜粋）（電技解釈第 12 条）

電技解釈第 12 条では電線の接続を次のように定めている.

① **裸電線相互または裸電線と絶縁電線との接続**

　(ⅰ) **電線の電気抵抗を増加させない.**

　(ⅱ) **電線の引張強さを 20 ％以上減少させない.**

　(ⅲ) **接続部分は，接続管その他の器具を使用し，またはろう付けする.**

② **絶縁電線相互または絶縁電線とコード，ケーブルなどとの接続**

　①の規定（(ⅰ)〜(ⅲ)）による他，接続部分は，絶縁電線の絶縁物と同等以上の**絶縁効力**のあるもので十分被覆する.

③ **コード相互，ケーブル相互の接続**

　接続部分は，コード接続器，接続箱その他の器具を使用する.

④ **アルミニウム電線と銅線との接続**

　接続部分に**電気的腐食**が生じないようにする.

以上の説明から，正解は(5)となる.

〔6〕配線の使用電線と接続上の規制について知ろう

① 絶縁電線

絶縁電線は，配線および架空電線に使用される．種類として，特別高圧絶縁電線，高圧絶縁電線，600V ビニル絶縁電線，屋外用ビニル絶縁電線などがある．

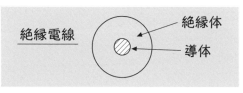

② 多心型電線

多心型電線は，1 本の裸線と絶縁電線をより合わせたもので，300 V 以下の低圧架空電線に用いられる．

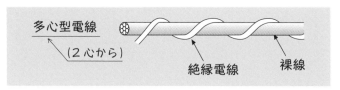

③ コード

コードは，小型機器の**移動電線**などとして使用される．種類として，ビニルコード，ゴムコード，電熱器用コードなどがある．

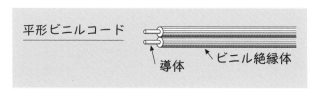

④ キャブタイヤケーブル

キャブタイヤケーブルは，低圧移動用電線およびケーブル工事として屋内配線に使用される．外装として，ゴム，ビニル，クロロプレンを用いたものがある．

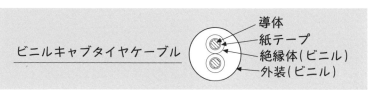

⑤　ケーブル

　ケーブルは，導体の上に絶縁被覆を施し，さらにその上に保護被覆を設けたものである．使用電圧により，低圧ケーブル，高圧ケーブル，特別高圧ケーブルがある．

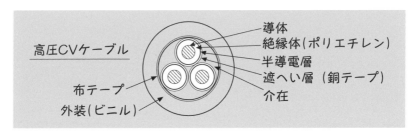

⑥　裸電線

　裸電線は，支線，架空地線，保護網などに使用される．種類として，硬銅線，軟銅線，硬アルミ線，銅覆鋼線，鋼心アルミより線，亜鉛めっき鋼線などがある．

次の事項を特に覚えよう．
①　架空電線および地中電線の感電防止．
②　配線の使用電線．
③　電線の接続法．
④　移動電線の施設

 チャレンジ問題

さあ，最後の実力チェックです！

問1　次の文章は，「電気設備技術基準の解釈」に基づく電線の接続法に関する記述である．

　架空絶縁電線をA，B，C，D，Eの5人の人に接続してもらった．接続状態を調べるため，接続部分について電線の引張強さと電気抵抗を測定したところ，次表の結果となった．正しい接続を行った人は，次のうちだれか．

　ただし，接続部分以外の部分の電線の強さは3.6 kN，電気抵抗は2.1 mΩ/m である．

接続者 項目	A	B	C	D	E
電線の引張強さ〔kN〕	3.7	2.6	4.0	3.3	2.7
電気抵抗〔mΩ/m〕	2.2	1.9	2.3	2.0	1.8

(1) A　　　(2) B　　　(3) C　　　(4) D　　　(5) E

問2　「電気設備技術基準の解釈」に基づく電線の接続法に関する記述として，誤っているのは次のうちどれか．

(1) 電線を接続する場合は，電気抵抗を増加させないこと．

(2) 裸電線相互の接続は，引張強さを20％以上減少させないこと．

(3) 裸電線相互の接続部分には，必ず接続管を使用すること．

(4) コード相互の接続は，コード接続器，接続箱その他の器具を使用すること．

(5) 導体にアルミを使用する電線と銅を使用する電線との接続は，その接続部分に電気的腐食を生じないようにすること．

問3　次の文章は，「電気設備技術基準」および「電気設備技術基準の解釈」に基づく移動電線の施設に関する記述である．

a　移動電線を電気機械器具と接続する場合は，接続不良による感電または　(ｱ)　のおそれがないように施設しなければならない．

b　高圧の移動電線に電気を供給する電路には，　(ｲ)　が生じた場合に，当該高圧の移動電線を保護できるよう，　(ｲ)　遮断器を施設しなければならない．

c　高圧の移動電線と電気機械器具とは　(ｳ)　その他の方法により堅ろうに接続すること．

d　特別高圧の移動電線は，充電部分に人が触れた場合に人に危険を及ぼすおそれがない電気集じん応用装置に附属するものを　(ｴ)　に施設する場合を除き，施設しないこと．

上記の記述中の空白箇所(ｱ)，(ｲ)，(ｳ)および(ｴ)に当てはまる組合せとして，正しいのは次のうちどれか．

	(ア)	(イ)	(ウ)	(エ)
(1)	火　災	地　絡	差込み接続器使用	屋　内
(2)	断　線	過電流	ボルト締め	屋　外
(3)	火　災	過電流	ボルト締め	屋　内
(4)	断　線	地　絡	差込み接続器使用	屋　外
(5)	断　線	過電流	差込み接続器使用	屋　外

問4　次の文章は，「電気設備技術基準」に基づく，電気使用場所における配線の使用電線に関する記述の一部である．

(一)　配線の使用電線には，感電または火災の恐れがないよう，施設場所の状況および ［(ア)］ に応じ使用上十分な ［(イ)］ および ［(ウ)］ を有するものでなければならない．

(二)　配線には， ［(エ)］ を使用してはならない．ただし，施設場所の状況および ［(ア)］ に応じ，使用上十分な ［(イ)］ を有し，かつ，絶縁性がないことを考慮して，配線が感電または火災の恐れがないように施設する場合は，この限りではない．

　上記の空白箇所(ア)，(イ)，(ウ)および(エ)に当てはまる組合せとして，正しいのは次のうちどれか．

	(ア)	(イ)	(ウ)	(エ)
(1)	電圧	強度	絶縁性能	裸電線
(2)	電圧	強度	絶縁耐力	弱電流電線
(3)	負荷	強度	絶縁性能	コード
(4)	負荷	許容電流	絶縁性能	弱電流電線
(5)	負荷	許容電流	絶縁耐力	裸電線

法 規 〔7〕 → 電路の絶縁抵抗を知ろう

やさしい問題

　次の文章は,「電気設備技術基準」に基づく低圧の電路の絶縁性能に関する記述である.

　使用電圧が低圧の一般の電路においては,電線相互間および電路と大地との間の絶縁抵抗は,開閉器または過電流遮断器で区切ることのできる電路ごとに,次の値以上でなければならない.

　㈠　使用電圧が300V以下で,対地電圧が150V以下の場合は, ⬚(ア)⬚ MΩ

　㈡　使用電圧が300V以下で,㈠以外の場合は, ⬚(イ)⬚ MΩ

　㈢　使用電圧が300Vを超える場合は, ⬚(ウ)⬚ MΩ

　上記の記述中の空白箇所(ア),(イ)および(ウ)に当てはまる組合せとして,正しいのは次のうちどれか.

	(ア)	(イ)	(ウ)
(1)	0.1	0.2	0.3
(2)	0.1	0.2	0.4
(3)	0.2	0.3	0.4
(4)	0.2	0.5	1
(5)	1	2	4

要点

　電技第22条で低圧電線路の絶縁性能について,電技第58条および電技解釈第14条で低圧の電路の絶縁性能について定めている.

詳しい解説

　(1) 電路の絶縁について考えよう
　漏えい電流による感電,火災の防止の面から,一般に,電路は大地から絶縁しなければならない.

(a) 電路の絶縁（電技第 5 条）

電路は，**大地から絶縁**しなければならない．ただし，構造上やむを得ない場合であって通常予見される使用形態を考慮し危険のおそれがない場合，または**混触**による**高電圧の侵入**等の異常が発生した際の危険を回避するための**接地**その他の保安上必要な措置を講ずる場合は，この限りではない．

(b) 低圧の電路の絶縁性能（電技第 58 条）

低圧の**電路の電線相互間**および**電路と大地との間の絶縁抵抗値**は，**開閉器**または**過電流遮断器**で区切ることのできる電路ごとに次の表のように定められている．

ただし，絶縁抵抗測定が困難な場合は，電技解釈第 14 条により**漏えい電流を 1 mA 以下**に保てばよい．

低圧電路の絶縁抵抗値の基準

電路の使用電圧の区分		絶縁抵抗値
300 V 以下	対地電圧が 150 V 以下の場合	0.1 MΩ 以上
	その他の場合	0.2 MΩ 以上
300 V を超えるもの		0.4 MΩ 以上

以上の説明から，正解は(2)となる．

ウワー！
こっちが
きく～

漏電

修理中

低周波治療器

診療器具

〔7〕電路の絶縁抵抗を知ろう

⑵ 低圧の電線路の絶縁抵抗について考えよう

電線路とは，電技第1条により，電気使用場所相互間の電線をいうが，この絶縁抵抗は，次に示すように漏えい電流による規制が行われている．

漏えい電流の許容値（電技第22条）

電線と大地との間および電線の線心相互間の絶縁抵抗は，使用電圧に対する漏えい電流が**最大供給電流の 1/2000 を超えない**ようにしなければならない．

具体的に例をあげて説明しよう．

例題1 定格容量 10 kV·A，一次電圧 6 600 V，二次電圧 105 V の単相変圧器に接続されている低圧架空線の絶縁抵抗値はいくらか．

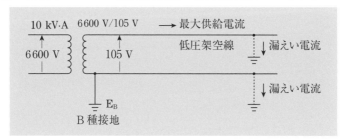

(ア) 最大供給電流を求める．

変圧器の定格電流が最大供給電流となるので，

$$最大供給電流 = \frac{10\,000}{105} = 95.2\,\text{A}$$

(イ) 漏えい電流の許容値

$$漏えい電流 = 最大供給電流 \times \frac{1}{2\,000}$$

$$= 95.2 \times \frac{1}{2\,000} = 0.0476\,\text{A}$$

つまり，漏えい電流は 47.6 mA 以下となるが，この値は電線1条当たりの値である．

(ウ) 絶縁抵抗値

電線1条当たりの絶縁抵抗値は，対地電圧が 105 V であるから，

$$\text{絶縁抵抗値} = \frac{105}{0.0476} = 2206 \ \Omega$$

よって，絶縁抵抗値は2206Ω以上となる．

もし，2線一括した値を問う問題であれば，この1/2である1103Ω以上が答となる．

例題2 定格容量50kV·A，一次電圧6600V，二次電圧220Vの三相変圧器に接続されている低圧架空線の絶縁抵抗値はいくらか．

ただし，変圧器の二次側結線は△結線とする．

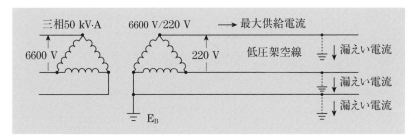

(ｱ) 最大供給電流を求める．

$$\text{最大供給電流} = \frac{50 \times 1000}{\sqrt{3} \times 220} = 131.26 \ \text{A}$$

(ｲ) 漏えい電流の許容量

電線1条当たりの漏えい電流は，

$$\text{漏えい電流} = 131.2 \times \frac{1}{2000} = 0.0656 \ \text{A}$$

(ｳ) 絶縁抵抗値

電線1条当たりの絶縁抵抗値は，対地電圧が220Vであるから，

$$\text{絶縁抵抗値} = \frac{220}{0.0656} = 3354 \ \Omega$$

よって，絶縁抵抗値は3354Ω以上必要である．

---

〔7〕電路の絶縁抵抗を知ろう

電気設備技術基準では，感電，火災等の防止について次のように定めている．

① **電気設備における感電，火災等の防止**（電技第4条）

電気設備は，**感電**，**火災**その他人体に**危害**を及ぼし，または物件に**損傷**を与えるおそれがないように施設しなければならない．

② **電線路等の感電または火災の防止**（電技第20条）

電線路または電車線路は，施設場所の状況および電圧に応じ，感電または火災のおそれがないように施設しなければならない．

次の事項を特に覚えよう．

① 低圧電路の絶縁抵抗値の基準．

② 低圧電線路の絶縁抵抗値の基準．

さあ，最後の実力チェックです！

問1 次の文章は，「電気設備技術基準」における低圧の電路の絶縁性能に関する記述である．

電気使用場所における使用電圧が低圧の電路の電線相互間および │ (ア) │ と大地との間の絶縁抵抗は，│ (イ) │ または過電流遮断器で区切ることのできる電路ごとに，次の表の左欄に掲げる電路の使用電圧の区分に応じ，それぞれ同表の右欄に掲げる値以上でなければならない．

電路の使用電圧の区分		絶縁抵抗値
│ (ウ) │V 以下	対地電圧（接地式電路においては電線と大地との間の電圧，非接地式電路においては電線間の電圧をいう．以下同じ．）が │ (エ) │V 以下の場合	0.1 MΩ
	その他の場合	0.2 MΩ
│ (ウ) │V を超えるもの		│ (オ) │ MΩ

上記の記述中の空白箇所(ア)，(イ)，(ウ)，(エ)および(オ)に当てはまる組合せとして，正しいのは次のうちどれか．

	(ア)	(イ)	(ウ)	(エ)	(オ)
(1)	電　線	配線用遮断器	400	200	0.3
(2)	電　路	配線用遮断器	300	100	0.4
(3)	電線路	漏電遮断器	400	200	0.3
(4)	電　線	開閉器	300	150	0.3
(5)	電　路	開閉器	300	150	0.4

問2 定格容量 20 kV·A，一次電圧 6600 V，二次電圧 210 V の単相変圧器に接続されている低圧架空電線路の絶縁抵抗値は，「電気設備技術基準」により計算すると使用電圧に対する漏えい電流がおよそ□□□□A を超えないように保たなければならない.

上記の記述中の空白箇所に当てはまる数値として，最も近いのは次のうちどれか.

(1) 0.0238　　(2) 0.0476　　(3) 0.0714

(4) 0.1428　　(5) 0.1904

法規〔8〕 電路，機器の絶縁耐力について知ろう

やさしい問題　電線にケーブルを使用する使用電圧 6600 V の交流電路について，耐圧試験を「電気設備技術基準の解釈」に基づき実施する場合，試験電圧値の組合せとして，正しいのは次のうちどれか.

(1) 交流 8250 V，直流 24750 V
(2) 交流 9900 V，直流 19800 V
(3) 交流 9900 V，直流 29 700 V
(4) 交流 10350 V，直流 20700 V
(5) 交流 10350 V，直流 31050 V

要点　電技解釈第 15 条で高圧および特別高圧の電路について，同第 16 条で回転機や変圧器について，絶縁状態のチェックとしての絶縁耐力試験が定められている.

通常，絶縁耐力試験は，設備が完成した時点で実施される.

詳しい解説　(1) 使用電圧（公称電圧）と最大使用電圧について考えよう

使用電圧は電路を代表する線間電圧で，100 V，200 V，400 V，3300 V，6600 V，11000 V，22000 V，66000 V などがある. 最大使用電圧は回路の最大となる電圧で，使用電圧との関係は一般に次のようになる.

$$最大使用電圧 = 使用電圧 \times \frac{1.15}{1.1}$$

(注)　1 000 V 以下の場合は，使用電圧 × 1.15

例
使用電圧 3300 V	→	最大使用電圧 3450 V
使用電圧 6600 V	→	最大使用電圧 6900 V
使用電圧 22000 V	→	最大使用電圧 23000 V
使用電圧 66000 V	→	最大使用電圧 69000 V

⑵　電路の絶縁耐力について考えよう

　高圧および特別高圧の電路は，電路の種類に応じ，試験電圧を電路と大地との間に連続して**10分間**加えたとき，これに耐える性能を有すること．

　ただし，電線にケーブルを使用する交流電路の場合は，**交流の試験電圧の2倍の直流電圧**で試験してもよいとされている．

電路の試験電圧の値

電路の種類		試験電圧
最大使用電圧が**7000 V**以下の電路	交流の電路	**最大使用電圧の1.5倍の交流電圧**
	直流の電路	最大使用電圧の1.5倍の直流電圧または1倍の交流電圧
最大使用電圧が**7000 V**を超え**60000 V**以下の電路	最大使用電圧が15000 V以下の中性点接地式電路（中性線を有するものであって，その中性線に多重接地するものに限る．）	最大使用電圧の0.92倍の電圧
	上記以外	**最大使用電圧の1.25倍の電圧**（10500 V未満となる場合は10500 V）

⑶　回転機の絶縁耐力について考えよう

　回転機は次のいずれかに適合する絶縁性能を有すること．

　①　発電機，電動機などの回転機は，その種類に応じ，試験電圧を巻線と大地の間に連続して**10分間**加えたとき，これに耐える性能を有すること．

　②　回転変流器を除く**交流の回転機**においては，**交流の試験電圧の1.6倍の直流電圧**を巻線と大地との間に連続して**10分間**加えたとき，これに耐える性能を有すること

回転機の試験電圧の値

種類		試験電圧
回転変流機		直流側の最大使用電圧の1倍の交流電圧（500 V未満となる場合は，500 V）
上記以外の回転機	最大使用電圧が7000 V以下のもの	最大使用電圧の1.5倍の電圧（500 V未満となる場合は，500 V）
	最大使用電圧が7000 Vを超えるもの	最大使用電圧の1.25倍の電圧（10500 V未満となる場合は，10500 V）

(4) 変圧器の絶縁耐力について考えよう

変圧器は，巻線の種類に応じ，試験電圧を，試験される巻線と他の巻線，鉄心および外箱との間に連続して**10分間**加えたとき，これに耐える性能を有すること．

変圧器の試験電圧の値（器具等も準ずる）

巻線の種類		試験電圧
最大使用電圧が7000 V以下のもの		**最大使用電圧の1.5倍の電圧**（500 V未満となる場合は，500 V）
最大使用電圧が7000 Vを超え60000 V以下のもの	最大使用電圧が15000 V以下のものであって，中性点接地式電路（中性線を有するものであって，その中性線に多重接地するものに限る．）に接続するもの．	最大使用電圧の0.92倍の電圧
	上記以外のもの	**最大使用電圧の1.25倍の電圧**（10500 V未満となる場合は，10500 V）

(5) 燃料電池および太陽電池モジュールの絶縁耐力について考えよう

燃料電池および太陽電池モジュールは，**最大使用電圧の1.5倍の直流電圧または1倍の交流電圧**（500 V未満となる場合は，500 V）を充電部分と大地との間に連続して**10分間**加えたとき，これに耐える性

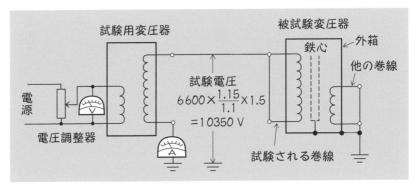

使用電圧6 600 V 変圧器の耐圧試験例

能を有すること.

　以上の説明から，正解は(4)となる.

　一般に耐圧試験は交流で実施するが，ケーブルおよび回転機（回転変流機を除く）については，直流で実施することが認められている．これは，ケーブルの場合は静電容量が大きいので，耐圧試験時の充電電流も多くなり，試験電源装置に大容量のものが必要となるためである.

　さて，ここで，例題によりもう少し勉強してみよう.

例題 図の結線によって，使用電圧6 600 Vの電路に接続する電動機巻線の絶縁耐力試験を「電気設備技術基準の解釈」に基づき行う場合，電圧計Ⓥが指示する値〔V〕として，最も近いのは次のうちどれか.

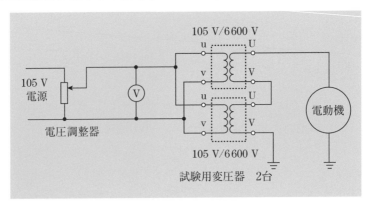

(1)　65.6　　(2)　68.6　　(3)　82.3　　(4)　92.5　　(5)　98.7

〔8〕電路，機器の絶縁耐力について知ろう

<解法>

① 試験電圧を求める.

$$最大使用電圧 = 6\,600 \times \frac{1.15}{1.1} = 6\,900 \text{ V}$$

したがって，試験電圧は，

$$試験電圧 = 6\,900 \times 1.5 = 10\,350 \text{ V}$$

② 1台の試験用変圧器の分担電圧を求める.

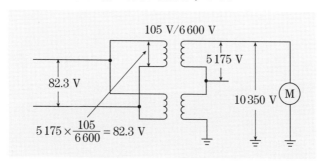

高圧側は直列接続であるので，試験電圧 10350 V の半分の 5 175 V が一つの試験用変圧器の高圧側にかかる．低圧側は並列であるので，5175 V を低圧側に換算すると，

$$5\,175 \times \frac{105}{6\,600} = 82.3 \text{ V}$$

正解(3)

次の事項を特に覚えよう．

① 使用電圧と最大使用電圧の関係式．

② 電路，回転機，変圧器の絶縁耐力試験方法．

 チャレンジ問題

さあ，最後の実力チェックです！

問1 最大使用電圧が 6.9 kV の一般の変圧器を「電気設備技術基準の解釈」に基づき絶縁耐力試験を行う場合における試験電圧および試験時間に関する記述として，正しいのは次のうちどれか．

(1) 相電圧の 1.25 倍の 4980 V の電圧を連続して 10 分間加える．

(2) 相電圧の1.5倍の5976Vの電圧を連続して1分間加える.

(3) 最大使用電圧の1.25倍の8625Vの電圧を連続して10分間加える.

(4) 最大使用電圧の1.5倍の10350Vの電圧を連続して10分間加える.

(5) 最大使用電圧の2.0倍の13800Vの電圧を連続して1分間加える.

問2 使用電圧が22000Vの交流電路に使用する電力ケーブルについて,「電気設備技術基準の解釈」に基づき直流電圧で絶縁耐力試験を行う場合,その試験電圧値〔V〕として,正しいのは次のうちどれか.

(1) 28750   (2) 34500   (3) 46000

(4) 57500   (5) 69000

問3 使用電圧6600V, 周波数50Hzの三相3線式配電線路から受電する需要家の竣工時における自主検査で, 高圧引込ケーブルの交流絶縁耐力試験を「電気設備技術基準の解釈」に基づき実施する場合, 次の(a)および(b)の問に答えよ.

ただし, 試験回路は図のとおりとし, この試験は3線一括で実施し, 高圧引込ケーブル以外の電気工作物は接続されないものとし, 各試験

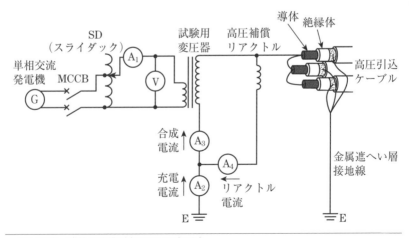

器の損失は無視する.

　また, 試験対象物である高圧引込ケーブルおよび交流絶縁耐力試験に使用する試験器等の仕様は, 次のとおりである.

○高圧引込ケーブルの仕様

ケーブルの種類	公称断面積	ケーブルのこう長	1線の対地静電容量
6 600 V CVT	60 mm^2	120 m	0.35 μF/km

○試験で使用する機器の仕様

試験機器の名称	定　格	台数〔台〕
試験用変圧器	入力電圧：0–130 V 出力電圧：0–13 kV 巻数比：1/100 30 分連続許容出力電流：230 mA, 50 Hz	1
高圧補償リアクトル	許容印加電圧：13 kV 印加電圧 13 kV, 50 Hz 使用時での電流 300 mA	1
単相交流発電機	携帯用交流発電機 出力電圧 100 V, 50 Hz	1

(a) 交流絶縁耐力試験における試験電圧印加時, 高圧引込ケーブルの3線一括の充電電流 (電流計Ⓐ$_2$の読み) の値〔mA〕として, 最も近いのは次のうちどれか.

　　(1) 80　　(2) 110　　(3) 250　　(4) 330　　(5) 410

(b) この絶縁耐力試験で必要な電源容量として, 単相交流発電機に求められる最小の容量の値〔kV・A〕として, 最も近いのは次のうちどれか.

　　(1) 1.0　　(2) 1.5　　(3) 2.0　　(4) 2.5　　(5) 3.0

問4　次の文章は,「電気設備技術基準の解釈」に基づく太陽電池モジュールの絶縁耐力および電線に関する記述の一部である.

　a　太陽電池モジュールは, 最大使用電圧の　(ア)　倍の直流電圧または1倍の交流電圧 (500 V 未満となる場合は, 500 V) を　(イ)　部分と大地との間に連続して　(ウ)　分間加えたとき, これに耐え

〔8〕電路, 機器の絶縁耐力について知ろう

る性能を有すること.

b 太陽電池発電所に施設する高圧の直流電路の電線（電気機械器具内の電線を除く.）として，取扱者以外の者が立ち入らないような措置を講じた場所において，太陽電池発電設備用直流ケーブルを使用する場合，使用電圧は直流 ☐(エ) V 以下であること.

上記の記述中の空白箇所(ア)，(イ)，(ウ)および(エ)に当てはまる組合せとして，正しいのは次のうちどれか.

	(ア)	(イ)	(ウ)	(エ)
(1)	1.5	電極	1	1 000
(2)	1.5	充電	10	1 500
(3)	2	電極	10	1 000
(4)	2	充電	10	1 000
(5)	2	充電	1	1 500

〔8〕電路，機器の絶縁耐力について知ろう

法 規 〔9〕 ➡ 接地工事について知ろう

やさしい問題　「電気設備技術基準の解釈」に基づく接地工事に関する記述として，正しいのは次のうちどれか．

　(1)　三相200V用電動機の鉄台にC種接地工事を行う．

　(2)　特別高圧電路の変成器の二次側電路には，D種接地工事を行う．

　(3)　A種接地工事の抵抗値は500Ω以下である．

　(4)　D種接地工事の抵抗値は100Ω以下である．

　(5)　B種接地工事は，柱上変圧器の外箱に施設する．

要点　電技第10条および電技解釈第17条などでは，感電・火災の防止，機器の絶縁破壊の防止などの目的で，接地工事をA種接地工事，B種接地工事，C種接地工事，D種接地工事に分類して規制している．

　A種接地工事は主に特別高圧や高圧機器の外箱に，B種接地工事は，特別高圧または高圧を低圧に変圧する変圧器の低圧側に，D種接地工事は主に300V以下の低圧機器の外箱に，C種接地工事は主に300Vを超える低圧機器の外箱に施す．

詳しい解説

(1)　接地工事について知ろう

(a)　電気設備の接地（電技第10条）

　電気設備の必要な箇所には，異常時の**電位上昇**，**高電圧**の侵入等による**感電**，**火災**その他**人体に危害**を及ぼし，または**物件への損傷**を与えるおそれがないよう，**接地**その他の適切な措置を講じなければならない．

(b)　電気設備の接地の方法（電技第11条）

　電気設備に**接地**を施す場合は，**電流**が安全かつ確実に**大地**に通ずる

ことができるようにしなければならない.

(c) 接地工事の細目（電技解釈第 17 条）

接地工事の種類，接地抵抗値，接地線の太さ，接地箇所を一覧にすると，次の表のとおりとなる.

B 種接地工事の接地抵抗値は，1 線地絡電流の大きさ，地絡事故の遮断時間により異なる.

具体的計算は"法規〔10〕"で説明する.

各種接地工事の細目

接地工事の種類	接地抵抗値	接地線太さ	接地箇所
A 種接地工事	**10 Ω 以下**	引張強さ 1.04 kN 以上の金属線または**直径 2.6 mm 以上の軟銅線**	・**特別高圧・高圧用機械器具の金属製の台および外箱** ・避雷器 ・特別高圧計器用変成器の二次側電路
B 種接地工事	<table><tr><td>事故遮断時間</td><td>接地抵抗値〔Ω〕</td></tr><tr><td>下記以外の場合</td><td>**150/I_g 以下**</td></tr><tr><td>1 秒を超え 2 秒以下</td><td>**300/I_g 以下**</td></tr><tr><td>1 秒以下</td><td>**600/I_g 以下**</td></tr></table> I_g は，当該変圧器の高圧側または特別高圧側の 1 線地絡電流〔A〕	引張強さ 2.46 kN 以上の金属線または**直径 4 mm 以上の軟銅線**（高圧電路または 15 000 V 以下の電路と変圧器で結合する場合は，引張強さ 1.04 kN 以上の金属線または直径 2.6 mm 以上の軟銅線）	・**変圧器の低圧側の中性点**（低圧電路の使用電圧が 300 V 以下の場合において，接地工事を低圧側の中性点に施し難いときは，**低圧側の 1 端子**） ・変圧器の混触防止板
C 種接地工事	**10 Ω 以下**（電路に**地絡**を生じた場合に 0.5 秒以内に自動的に電路を遮断する場合は，500 Ω 以下）	引張強さ 0.39 kN 以上の金属線または**直径 1.6 mm 以上の軟銅線**	・**300 V を超える低圧用機械器具の金属製の台および外箱**
D 種接地工事	**100 Ω 以下**（電路に地絡を生じた場合に 0.5 秒以内に自動的に電路を遮断する場合は，500 Ω 以下）	引張強さ 0.39 kN 以上の金属線または**直径 1.6 mm 以上の軟銅線**	・**300 V 以下の低圧用機械器具の金属製の台および外箱** ・高圧計器用変成器の二次側電路

(2) **A 種接地工事，B 種接地工事の接地極および接地線に人が触れるおそれがある場合の工事方法を知ろう**

電技解釈第 17 条では，次のように規定している．

① **接地極は，地下 75 cm 以上の深さに埋設すること．**

② 接地極を**鉄柱などの金属体に近接して施設する場合**は，**接地極を金属体から 1 m 以上離す**．ただし，鉄柱の底面下の場合は，**30 cm 以上**でよい．

③ 接地線には，**絶縁電線**（OW 線を除く），または**通信用ケーブル以外のケーブル**を使用する．ただし，鉄柱などの金属体に沿って施設する場合以外の場合で，地表上 60 cm を超える部分については，この限りでない．

④ 接地線の**地下 75 cm から地表上 2 m までの部分は，合成樹脂管などで覆う．**

以上の説明を図示すると，下図のようになる．

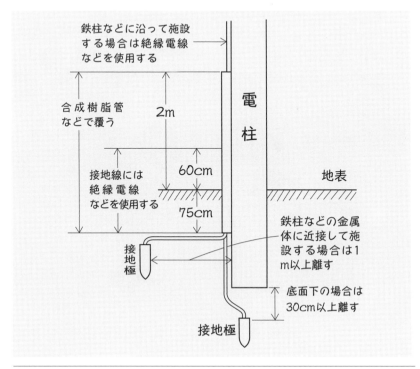

(3) 建物の鉄骨の接地について知ろう

電技解釈第18条では，建物の鉄骨を接地極として使用する場合の
規制を次のように定めている．

・大地との間の電気抵抗値が **2 Ω 以下**の値を保っている**建物の鉄
骨**その他の金属体は，これを**非接地式高圧電路**に施設する機械器
具等に施す **A 種接地工事**または非接地式高圧電路と低圧電路を
結合する変圧器に施す **B 種接地工事の接地極に使用**することが
できる．

(4) 放電装置等の施設について知ろう

(a) 特別高圧電路等と結合する変圧器等の火災等の防止（電技第
12条）

① 高圧または特別高圧の電路と低圧の電路とを結合する変圧器
は，高圧または特別高圧の電圧の侵入による低圧側の電気設備の
損傷，感電または**火災**のおそれがないよう，当該変圧器における
適切な箇所に**接地**を施さなければならない．

② 変圧器によって特別高圧の電路に結合される高圧の電路には，
特別高圧の電圧の侵入による高圧側の電気設備の**損傷，感電**また
は**火災**のおそれがないよう，接地を施した**放電装置の施設**その他

の適切な措置を講じなければならない.

(b) 特別高圧と高圧の混触等による危険防止施設(電技解釈第25条)

電技解釈第25条では,特別高圧と高圧電路の混触による危険防止施設を次のように定めている.

・変圧器によって特別高圧電路に結合される高圧電路には,**使用電圧の3倍以下の電圧**が加わったときに**放電する装置**を設けなければならない.ただし,使用電圧の3倍以下の電圧が加わったときに放電する**避雷器**を高圧電路の母線に施設する場合は,この限りでない.

以上の説明から,正解は(4)となる.

B種接地工事は,電技解釈第24条により特別高圧または高圧を低圧に変圧する変圧器の低圧側の**中性点**に施すことになっているが,低圧側の使用電圧が**300 V以下**の場合には,低圧側の**1端子**に施すことができる.

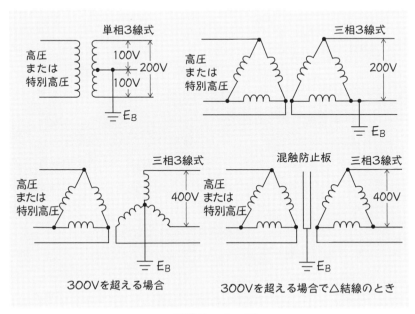

B種接地工事の例

〔9〕接地工事について知ろう

63

次の事項を特に覚えよう.

① 各種接地工事の細目.

接地工事の種類, 接地抵抗値, 接地線の太さ, 接地箇所について.

② A種, B種の接地極および接地線に人が触れるおそれがある場合の工事方法.

③ 建物の鉄骨を接地極として使用する場合の規制.

④ 放電装置の施設について.

さあ, 最後の実力チェックです!

問1 次の文章は,「電気設備技術基準の解釈」に基づく接地工事に関する記述である.

低圧電路において, その電路に地絡を生じた場合に0.5秒以内に自動的に電路を遮断する装置を施設するときは, その電路に施設する機器の金属製外箱等に施す接地工事の接地抵抗値は何オームまで許されるか. 正しい値を次のうちから選べ.

(1) 100　　(2) 150　　(3) 300　　(4) 500　　(5) 1000

問2 次の文章は,「電気設備技術基準」における, 電気設備の接地に関する記述の一部である.

a　電気設備の必要な箇所には, 異常時の　(ア)　, 高電圧の侵入等による感電, 火災その他　(イ)　に危害を及ぼし, または物件への損傷を与えるおそれがないよう, 接地その他の適切な措置を講じなければならない. ただし, 電路に係る部分にあっては, この基準の別の規定に定めるところによりこれを行わなければならない.

b　電気設備に接地を施す場合は, 電流が安全かつ確実に　(ウ)　ことができるようにしなければならない.

上記の記述中の空白箇所(ア),(イ)および(ウ)に当てはまる組合せとして, 正しいのは次のうちどれか.

	(ア)	(イ)	(ウ)
(1)	電位上昇	人体	大地に通ずる
(2)	過 熱	人体	流出する
(3)	過電流	公衆	遮断される
(4)	電位上昇	公衆	流出する
(5)	過電流	公衆	大地に通ずる

問3 次の文章は,「電気設備技術基準」に基づく特別高圧電路等と結合する変圧器等の火災等の防止に関する記述である.

変圧器によって特別高圧の電路に結合される [(ア)] の電路には,特別高圧の電圧の侵入による [(ア)] の電気設備の損傷,[(イ)] または火災のおそれがないよう,接地を施した [(ウ)] 装置の施設その他の適切な措置を講じなければならない.

上記の記述中の空白箇所(ア),(イ)および(ウ)に当てはまる組合せとして,正しいのは次のうちどれか.

	(ア)	(イ)	(ウ)
(1)	高圧	爆発	避雷
(2)	高圧	感電	放電
(3)	低圧	感電	放電
(4)	低圧	感電	避雷
(5)	低圧	爆発	放電

問4 次の文章は,「電気設備技術基準の解釈」に基づく接地工事に関する記述である.

高圧計器用変成器の二次側電路に施す接地工事の種類および軟銅線を使用した場合の接地線の最小の太さについて,正しいのは次のうちどれか.

番号	接地工事の種類	接地線の最小の太さ〔mm〕
(1)	A種接地工事	2.6
(2)	A種接地工事	1.6
(3)	B種接地工事	2.6
(4)	D種接地工事	2.6
(5)	D種接地工事	1.6

問 5 次の文章は，「電気設備技術基準の解釈」に基づく接地工事に関する記述の一部である．

A種接地工事またはB種接地工事に使用する接地極および接地線を人が触れるおそれがある場所に施設する場合は，原則として，次によること．

㈠ 接地極を鉄柱その他の金属体に近接して施設する場合は，接地極を地中でその金属体から ⌐(ア)⌐ m以上離して埋設すること．

㈡ 接地線の地下 ⌐(イ)⌐ mから地表上 ⌐(ウ)⌐ mまでの部分は，合成樹脂管等で覆うこと．

上記の記述中の空白箇所(ア)，(イ)および(ウ)に当てはまる組合せとして，正しいのは次のうちどれか．

	(ア)	(イ)	(ウ)
(1)	0.3	0.6	1.2
(2)	0.6	0.75	1.2
(3)	0.6	0.75	2
(4)	1	0.6	2
(5)	1	0.75	2

B 種接地抵抗値の計算に挑戦

やさしい問題

公称電圧 6.6 kV の変電所母線に接続された高圧架空配電線路があり，その 1 線地絡電流は 10 A である．この配電線路に接続される柱上変圧器の低圧側に施設される B 種接地工事の抵抗値は「電気設備技術基準の解釈」に基づき計算すると何オーム以下でなければならないか．正しい値を次のうちから選べ．

ただし，変電所引出口の遮断装置は，高低圧電路の混触時に 1 秒以下で自動的に高圧電路を遮断する能力を有しているものとする．

(1)　15　　(2)　30　　(3)　60　　(4)　80　　(5)　100

要点

B 種接地工事は，特別高圧または高圧を低圧に変圧する変圧器の低圧側電路に施す接地工事で，**高低圧混触時**に低圧電路の電圧上昇を防ぐ目的で施される．

その抵抗値は，原則として**電圧上昇**（高圧または特別高圧の 1 線地絡電流×B 種接地抵抗値）が **150 V** まで許されるが，35 000 V 以下の電路と低圧側の電路が混触した場合に，**1 秒を超え 2 秒以下**で自動的に 35 000 V 以下の**電路を遮断**する装置を設けるときは **300 V** まで，**1 秒以下で遮断**するときは **600 V** まで許される．

詳しい解説　(1)　事故電路の遮断時間と B 種接地抵抗値の関係を知ろう

要点で述べたことを整理してみよう．

①　**1 秒以下で事故電路を遮断する場合**

$$B 種接地抵抗値 = \frac{600}{1 線地絡電流} 〔Ω〕 以下$$

② **1秒を超え2秒以下で事故電路を遮断する場合**

$$B 種接地抵抗値 = \frac{300}{1 線地絡電流} 〔\Omega〕 以下$$

③ **その他の場合**

$$B 種接地抵抗値 = \frac{150}{1 線地絡電流} 〔\Omega〕 以下$$

以上の関係を基に本問を考えてみると，1秒以下で事故電路を遮断するので，B種接地抵抗値 R〔Ω〕は，

$$R = \frac{600}{10} = 60 \, \Omega 以下$$

となり，正解は(3)である．

(2) **1線地絡電流について考えてみよう**

では，1線地絡電流はどのようにして求めるのだろうか．

それは，実測（人工地絡試験）による方法と，電路の長さを基にした計算式による方法とがある．ここでは，計算式による場合について考えてみる．

① **1線地絡電流の計算式**

電技解釈第17条第2項では，高圧側の電路の1線地絡電流の計算式を次のように定めている．

－中性点非接地式高圧電路の場合－

$$I_1 = 1 + \frac{\dfrac{V'}{3}L - 100}{150} + \frac{\dfrac{V'}{3}L' - 1}{2}$$

$$\left(\begin{array}{l} 右辺の第2項および第3項の値は，それぞれの値が負となる \\ 場合は，0とする．I_1 の値は，小数点以下は切り上げる． \\ I_1 が 2 未満となる場合は，2とする． \end{array} \right)$$

上式で，

I_1 は **1線地絡電流（A を単位とする．）**

V' は電路の公称電圧を **1.1** で除した電圧（**kV を単位とする．**）

L は同一母線に接続される**高圧電路のケーブル以外の電線延長**
（**km を単位とする．また，三相ではこう長の3倍，単相ではこ**

この配電線の1線地絡電流は15A. 事故遮断時間は1秒以下ですから，$\frac{600}{15}=40\Omega$ 以下にしてください.

B種接地極

う長の**2倍**とする.）

L' は同一母線に接続される**高圧電路のケーブルの線路延長（km を単位**とする．また，**三相でも3倍しない**.）

ここで，特に注意しておくことは，

(a) I_1 は小数点以下は切り上げる．

(b) V' は，$V'=\dfrac{公称電圧〔kV〕}{1.1}$

(c) L はケーブル以外の**電線**延長であり，三相の電路では，こう長の3倍，単相の電路では，こう長の2倍（単位は km）とする．

(d) L' はケーブルの**線路**延長であり，ケーブルのこう長（単位は km）そのものである．

② **1線地絡電流の計算例**

さて，例題により1線地絡電流を求めてみよう．

例題1 変電所の同一母線から，中性点非接地の公称電圧 6 600 V の配電線路が引き出されている．そのこう長は，三相3線式架空電線路（電線はケーブル以外を使用）が 70 km，三相3線式地中電線路（電線はケーブルを使用）が 4 km である．この配電線路の1線地絡電流の値〔A〕として，最も近いのは次のうちどれか．

(1) 5　　(2) 6　　(3) 7　　(4) 8　　(5) 9

〔10〕B種接地抵抗値の計算に挑戦

<解法> 1線地絡電流 I_1 〔A〕は,

$$I_1 = 1 + \frac{\dfrac{V'}{3}L - 100}{150} + \frac{\dfrac{V'}{3}L' - 1}{2}$$

ここで,

$$V' = \frac{6.6}{1.1} = 6, \quad L = 3 \times 70 = 210, \quad L' = 4$$

を上式に代入すると,

$$I_1 = 1 + \frac{\dfrac{6}{3} \times 210 - 100}{150} + \frac{\dfrac{6}{3} \times 4 - 1}{2}$$

$$= 1 + 2.13 + 3.5 = 6.63$$

小数点以下は切り上げるので,$I_1 = 7A$ となる. 正解(3)

例題 2 変電所の同一母線から,中性点非接地の公称電圧 6600 V の三相 3 線式架空電線路(電線はケーブル以外を使用)2 回線(1 回線の電線路の長さ 50 km)と地中電線路 2 回線(1 回線の電線路の長さ 3 km)が引き出されている.この電線路(電線はケーブルを使用)に接続される柱上変圧器の低圧側に施設される B 種接地工事の抵抗値は,何オーム以下でなければならないか.最も近い値を次のうちから選べ.ただし,変電所引出口の遮断装置は,高低圧電路の混触時に,1 秒を超え 2 秒以下で自動的に高圧電路を遮断する能力を有しているものとする.

(1) 20　　(2) 30　　(3) 40　　(4) 50　　(5) 60

<解法> 1線地絡電流 I_1 は,

$$I_1 = 1 + \frac{\dfrac{V'}{3}L - 100}{150} + \frac{\dfrac{V'}{3}L' - 1}{2}$$

ここで,

$$V' = \frac{6.6}{1.1} = 6$$

$$L = 2(\text{回線}) \times 3 \times 50 = 300$$

〔10〕B 種接地抵抗値の計算に挑戦

70

$$L' = 2(回線) \times 3 = 6$$

を上式に代入すると,

$$I_1 = 1 + \frac{\frac{6}{3} \times 300 - 100}{150} + \frac{\frac{6}{3} \times 6 - 1}{2}$$

$$= 1 + 3.33 + 5.5 = 9.83$$

小数点以下は切り上げるので, $I_1 = 10\,\mathrm{A}$.

B種接地抵抗値 R〔Ω〕は, 1秒を超え2秒以下で事故電路を遮断する装置を施設しているので,

$$R = \frac{300}{10} = 30\,\Omega\,以下 \hspace{4cm} 正解(2)$$

 低圧機器の漏電時のケース電圧について考えてみよう.

例題 B種接地抵抗値60Ωの低圧電路に施設する電動機のケースに漏電があった場合, ケースの対地電圧の最大値〔V〕として, 最も近いのは次のうち

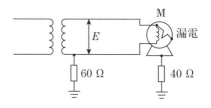

どれか. ただし, 低圧電路の使用電圧 $E = 100\,\mathrm{V}$, 電動機のケースに施設するD種接地抵抗値を40Ωとする.

(1) 40　　(2) 50　　(3) 60　　(4) 70　　(5) 80

<解法>　漏電時の等価回路は次のようになる.

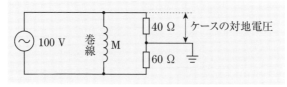

ケースの対地電圧 V は, 抵抗の比に分圧されるので,

$$V = 100 \times \frac{40}{40 + 60} = 40\,\mathrm{V} \hspace{3cm} 正解(1)$$

次の事項を特に覚えよう.
① 事故遮断時間とB種接地抵抗値.
② 非接地式高圧電路の1線地絡電流の計算.

 チャレンジ問題
さあ,最後の実力チェックです!

問1 公称電圧6.6 kVの変電所母線に接続された中性点非接地式架空配電線路（電線はケーブル以外を使用）があり,そのこう長は,三相3線式が100 km,単相2線式が20 kmである.「電気設備技術基準の解釈」に基づいて計算した場合,次の(a)および(b)に答えよ.

ただし,変電所引出口の遮断装置は,高低圧電路の混触時に1秒以下で自動的に高圧電路を遮断する能力を有しているものとする.

(a) 高圧電路の1線地絡電流の値〔A〕として,最も近いのは次のうちどれか.

(1) 3 (2) 4 (3) 5 (4) 6 (5) 7

(b) この配電線路に接続される柱上変圧器の低圧側に施すB種接地工事の接地抵抗の上限値〔Ω〕として,最も近いのは次のうちどれか.

(1) 300 (2) 240 (3) 180 (4) 120 (5) 60

問2 変圧器によって高圧電路に結合されている低圧電路に施設された定格電圧200 Vの三相誘導電動機のケースに地絡事故が発生した場合,「電気設備技術基準の解釈」に基づき,次の(a)および(b)に答えよ.

ただし,次の条件によるものとする.

(ア) 変圧器の高圧側電路の1線地絡電流は2Aで,B種接地抵抗値は「電気設備技術基準の解釈」で許容されている最高限度の1/3に維持されている.

(イ) 電路には,高低圧混触時に2秒以下で高圧電路を自動的に遮断する装置は設けられていない.

(ウ) 変圧器は△−△結線で,二次側線間電圧は220 V,一端にB種

接地工事を施してある.

㋗　三相誘導電動機のD種接地工事の抵抗値は，25Ω である.

(a)　B種接地工事の接地抵抗の値〔Ω〕として，最も近いのは次のうちどれか.

　　(1)　25　　(2)　50　　(3)　75　　(4)　100　　(5)　125

(b)　ケースの対地電圧の最大値〔V〕として，最も近いのは次のうちどれか.

　　(1)　67　　(2)　73　　(3)　110　　(4)　200　　(5)　220

問3　変圧器によって高圧電路に結合されている低圧電路に施設された使用電圧 100 V の金属製外箱を有する空調機がある.この変圧器のB種接地抵抗値およびその低圧電路に施設された空調機の金属製外箱のD種接地抵抗値に関して，次の(a)および(b)に答えよ.

　ただし，次の条件によるものとする.

㋐　変圧器の高圧側の電路の1線地絡電流は6Aで，B種接地工事の接地抵抗値は「電気設備技術基準の解釈」で許容されている最高限度の$\frac{1}{5}$に維持されている.

㋑　変圧器の高圧側の電路と低圧側の電路との混触時に低圧電路の対地電圧が150Vを超えた場合に，0.5秒で高圧電路を自動的に遮断する装置が設けられている.

(a)　変圧器の低圧側に施されたB種接地工事の接地抵抗値〔Ω〕として，最も近いのは次のうちどれか.

　　(1)　10　　(2)　20　　(3)　30　　(4)　40　　(5)　50

(b)　空調機に地絡事故が発生した場合，空調機の金属製外箱に触れた人体に流れる電流を 10 mA 以下としたい.このための空調機の金属製外箱に施すD種接地工事の接地抵抗値の上限値〔Ω〕として，最も近いのは次のうちどれか.

　　ただし，人体の電気抵抗値を 6000 Ω とする.

　　(1)　10　　(2)　15　　(3)　20　　(4)　30　　(5)　60

法 規 〔11〕 → 電気機械器具の施設には どんな規制があるの

次の文章は,「電気設備技術基準の解釈」に基づく高圧の機械器具の施設に関する記述である.

発電所または変電所,開閉所もしくはこれらに準ずる場所以外の場所において,高圧の機械器具を施設して差し支えない場合として,誤っているのは次のうちどれか.

(1) 屋内であって,取扱者以外の者が出入りできないように措置した場所に施設する場合.

(2) 工場等の構内においては,人が触れるおそれがないように,機械器具の周囲に適当なさく,へい等を設ける場合.

(3) 工場等の構内以外の場所においては,さく,へい等の高さと,当該さく,へい等から機械器具の充電部分までの距離との和を 4m 以上とする場合.

(4) 機械器具に附属する高圧電線にケーブルまたは引下げ用高圧絶縁電線を使用し,機械器具を人が触れるおそれがないように地表上 4.5m(市街地外においては 4m)以上の高さに施設する場合.

(5) 機械器具をコンクリート製の箱または D 種接地工事を施した金属製の箱に収め,かつ,充電部分が露出しないように施設する場合.

要点
電技解釈第 29 条では機械器具の接地について,電技第 19 条では PCB 使用器具の禁止について,電技第 9 条および電技解釈第 21 条では高圧の機械器具の施設について,電技解釈第 23 条ではアークを生じる器具の施設について,同第 37 条では避雷器の施設について定めている.

詳しい解説

(1) 機械器具の金属製の台および外箱の接地について知ろう

(a) 機械器具の区分と接地工事の種類（電技解釈第29条）

機械器具の金属製の台および外箱には，下表の接地工事を施すこと．

機械器具の区分	接地工事
300 V 以下の低圧用のもの	D 種接地工事
300 V を超える低圧用のもの	C 種接地工事
高圧用または特別高圧用のもの	A 種接地工事

(b) 接地工事の省略（電技解釈第29条第2項）

次に該当する場合等は，接地工事を省略することができる．

(i) **交流の対地電圧が150 V 以下**または直流の使用電圧が**300 V 以下**の機械器具を**乾燥した場所**に施設する場合．

(ii) 低圧用の機械器具を**乾燥した木製の床**その他これに類する絶縁性のものの上で取り扱うように施設する場合．

(iii) 電気用品安全法の適用を受ける**2重絶縁の構造**の機械器具を施設する場合．

(iv) 低圧用の機械器具に電気を供給する電路の電源側に**絶縁変圧器**（二次側線間電圧が300 V 以下であって，容量が3 kV·A 以下のものに限る．）を施設し，かつ，当該絶縁変圧器の負荷側の電路を接地しない場合．

(v) 水気のある場所以外の場所に施設する低圧用の機械器具に電気を供給する電路に，電気用品安全法の適用を受ける漏電遮断器（定格感度電流が**15 mA 以下**，動作時間が**0.1秒以下**の電流動作型のものに限る．）を施設する場合．

(vi) 金属製外箱等の周囲に適当な**絶縁台を設ける**場合．

(vii) 外箱のない計器用変成器がゴム，合成樹脂その他の絶縁物で被覆したものである場合．

(viii) 低圧用または高圧用の機械器具を，木柱その他これに類する絶縁性のものの上であって，人が触れるおそれがない高さに施設する場合．

〔11〕電気機械器具の施設にはどんな規制があるの

(2) ポリ塩化ビフェニル（**PCB**）の施設禁止（電技第 19 条第 14 項）

ポリ塩化ビフェニルを含有する絶縁油を使用する**電気機械器具および電線は，電路に施設してはならない.**

(3) 高圧の機械器具の施設について知ろう

(a) 高圧または特別高圧の電気機械器具の危険の防止（電技第 9 条）

① 高圧または特別高圧の電気機械器具は，取扱者以外の者が**容易に触れるおそれがないように**施設しなければならない. ただし，接触による危険のおそれがない場合は，この限りではない.

② 高圧または特別高圧の開閉器，遮断器，避雷器その他これらに類する器具であって，**動作時にアークを生ずる**ものは，火災のおそれがないよう，木製の壁または天井その他の**可燃性の物から離して施設**しなければならない. ただし，耐火性の物で両者の間を隔離した場合は，この限りではない.

(b) 高圧の機械器具の施設（電技解釈第 21 条）

高圧の機械器具は，次のいずれかにより施設すること. ただし，発電所，蓄電所または変電所，開閉所もしくはこれらに準ずる場所に施設する場合はこの限りでない.

① 屋内であって，取扱者以外の者が出入りできないように措置した場所に施設すること.

---

〔11〕電気機械器具の施設にはどんな規制があるの

② 次により施設すること．ただし，工場等の構内においては，(ii)およびⅲの規定によらないことができる．

　(i)　人が触れるおそれがないように，機械器具の周囲に適当なさく，へい等を設けること．

　(ii)　さく，へい等の高さと，当該さく，へい等から機械器具の充電部分までの距離との和を**5 m 以上**とすること．

　(iii)　危険である旨の表示をすること．

③ 機械器具に附属する高圧電線にケーブルまたは引下げ用高圧絶縁電線を使用し，機械器具を人が触れるおそれがないように**地表上 4.5 m**（市街地外においては 4 m）以上の高さに施設すること．

④ 機械器具を**コンクリート製の箱**または**D 種接地工事**を施した金属製の箱に収め，かつ，充電部分が露出しないように施設すること．

⑤ 充電部分が露出しない機械器具を，次のいずれかにより施設すること．

　(i)　簡易接触防護措置を施すこと．

　(ii)　温度上昇により，または故障の際に，その近傍の大地との間に生じる電位差により，人もしくは家畜または他の工作物に危険のおそれがないように施設すること．

(4) アークを生ずる器具の施設について知ろう（電技解釈第 23 条）

高圧用または特別高圧用の開閉器，遮断器または避雷器その他これらに類する器具であって，動作時にアークを生じるものは，次のいずれかにより施設すること．

① **耐火性のもの**でアークを生じる部分を囲むことにより，木製の壁または天井その他の**可燃性のもの**から隔離すること．

② 木製の壁または天井その他の可燃性のものとの離隔距離を，次表に規定する値以上とすること．

開閉器等の使用電圧の区分		離隔距離
高圧		**1 m**
特別高圧	35 000 V 以下	**2 m**（動作時に生じるアークの方向および長さを火災が発生するおそれがないように制限した場合にあっては，**1 m**）
	35 000 V 超過	**2 m**

(5) 避雷器の施設について知ろう

電技第 49 条および電技解釈第 37 条では，高圧および特別高圧の電路で避雷器を施設しなければならない箇所を，次のように定めている.

① **発電所，蓄電所または変電所**もしくはこれに準ずる場所の**架空電線の引込口および引出口**.

② 架空電線路に接続する**特別高圧配電用変圧器の高圧側**および**特別高圧側**.

③ **高圧架空電線路**から電気の供給を受ける受電電力が **500 kW 以上の需要場所の引込口**.

④ **特別高圧架空電線路**から電気の供給を受ける**需要場所の引込口**.

以上の説明から，正解は(3)となる.

次の事項を特に覚えよう.

① 機械器具の接地（接地の種類，省略できる場合）.

② PCB 使用器具の規制.

③ 高圧用機械器具の施設.

④ アークを生ずる器具の施設.

⑤ 避雷器の施設場所.

 チャレンジ問題

さあ，最後の実力チェックです！

問1 次の文章は，「電気設備技術基準の解釈」における，アークを生じる器具の施設に関する記述である.

高圧用または特別高圧用の開閉器，遮断器または避雷器その他これ

〔11〕電気機械器具の施設にはどんな規制があるの

らに類する器具（以下「開閉器等」という.）であって，動作時にアークを生じるものは，次のいずれかにより施設すること.

a. 　(ア)　のものでアークを生じる部分を囲むことにより，木製の壁または天井その他の可燃性のものから隔離すること.

b. 木製の壁または天井その他の可燃性のものとの離隔距離を，下表に規定する値以上とすること.

開閉器等の使用電圧の区分		離隔距離
高　圧		(イ)　m
特別高圧	35000V以下	(ウ)　m（動作時に生じるアークの方向および長さを火災が発生するおそれがないように制限した場合にあっては，　(イ)　m）
	35000V超過	(ウ)　m

上記の記述中の空白箇所(ア),(イ)および(ウ)に当てはまる組合せとして，正しいのは次のうちどれか.

	(ア)	(イ)	(ウ)
(1)	不燃性	0.5	1
(2)	不燃性	1	2
(3)	不燃性	2	3
(4)	耐火性	1	2
(5)	耐火性	2	3

問2　次の文章は，「電気設備技術基準の解釈」に基づき，機械器具（小出力発電設備である燃料電池発電設備を除く.）の金属製外箱等に接地工事を施さないことができる場合の記述の一部である.

a. 電気用品安全法の適用を受ける　(ア)　の機械器具を施設する場合

b. 低圧用の機械器具に電気を供給する電路の電源側に　(イ)　（2次側線間電圧が300V以下であって，容量が3kV·A以下のものに限る.）を施設し，かつ，当該　(イ)　の負荷側の電路を接地しない場合

c．水気のある場所以外の場所に施設する低圧用の機械器具に電気を供給する電路に，電気用品安全法の適用を受ける漏電遮断器（定格感度電流が　(ウ)　mA以下，動作時間が　(エ)　秒以下の電流動作型のものに限る．）を施設する場合

上記の記述中の空白箇所(ア)，(イ)，(ウ)および(エ)に当てはまる組合せとして，正しいのは次のうちどれか．

	(ア)	(イ)	(ウ)	(エ)
(1)	2重絶縁の構造	絶縁変圧器	15	0.3
(2)	2重絶縁の構造	絶縁変圧器	15	0.1
(3)	過負荷保護装置付	絶縁変圧器	30	0.3
(4)	過負荷保護装置付	単巻変圧器	30	0.1
(5)	過負荷保護装置付	単巻変圧器	50	0.1

問3　次の文章は，「電気設備技術基準」および「電気設備技術基準の解釈」に基づく避雷器に関する記述である．

高圧および特別高圧電路のうち，その箇所またはこれに近接する箇所に原則として避雷器を施設しなければならない箇所として，誤っているのは次のうちどれか．

(1) 発電所，蓄電所または変電所もしくはこれに準ずる場所の架空電線の引込口および引出口

(2) 架空電線路に接続する特別高圧配電用変圧器の高圧側および特別高圧側

(3) 特別高圧を直接低圧に変成する変圧器の低圧側および特別高圧側

(4) 高圧架空電線路から電気の供給を受ける受電電力500kW以上の需要場所の引込口

(5) 特別高圧架空電線路から電気の供給を受ける需要場所の引込口

問4 次の文章は,「電気設備技術基準」および「電気関係報告規則」に基づくポリ塩化ビフェニル（以下「PCB」という.）を含有する絶縁油を使用する電気機械器具（以下「PCB電気工作物」という.）の取扱いに関する記述である.

1. PCB電気工作物を新しく電路に施設することは (ア) されている.

2. PCB電気工作物に関しては，次の届出が義務付けられている.

  ① PCB電気工作物であることが判明した場合の届出

  ② 上記①の報告内容が変更になった場合の届出

  ③ PCB電気工作物を (イ) した場合の届出

3. 上記2の届出の対象となるPCB電気工作物には, (ウ) がある.

上記の記述中の空白箇所(ア),(イ)および(ウ)に当てはまる組合せとして,正しいのは次のうちどれか.

	(ア)	(イ)	(ウ)
(1)	禁止	廃止	CVケーブル
(2)	制約	廃止	電力用コンデンサ
(3)	制約	転用	電力用コンデンサ
(4)	制約	転用	CVケーブル
(5)	禁止	廃止	電力用コンデンサ

法 規
〔12〕 過電流および地絡遮断器の施設について知ろう

次の文章は,「電気設備技術基準の解釈」に基づく低圧電路中の過電流遮断器の施設に関する記述である.

過電流遮断器として低圧電路に使用するヒューズは,水平に取り付けた場合,定格電流の何倍の電流に耐えなければならないか. 正しいものを次のうちから選べ.

(1) 1.1 倍 　　(2) 1.15 倍 　　(3) 1.2 倍

(4) 1.25 倍 　　(5) 1.3 倍

電技第 14 条および電技解釈第 33 条,34 条では過電流遮断器の施設について,電技第 15 条および電技解釈第 36 条では,地絡遮断器の施設について定めている.

詳しい解説

(1) 過電流遮断器の施設について知ろう

電技第 14 条および電技解釈第 34 条では,過電流遮断器の施設について次のように定めている.

(a) 過電流からの保護対策(電技第 14 条)

電路の必要な箇所には,過電流による**過熱焼損**から電線および電気機械器具を保護し,かつ,**火災の発生**を防止できるよう,過電流遮断器を施設しなければならない.

(b) 過電流遮断器の施設(電技解釈第 34 条)

電技解釈第 34 条では,高圧または特別高圧電路中の過電流遮断器の施設について次のように定めている.

① 電路に**短絡**を生じたときに作動する過電流遮断器は,これを施設する箇所を通過する**短絡電流を遮断する能力**を有すること.

② 過電流遮断器は,その作動に伴いその**開閉状態を表示する装置**を有すること,ただし,その開閉状態を容易に確認できるものは,この限りでない.

(2) 過電流遮断器の溶断特性について知ろう

電技解釈第33条および第34条では，過電流遮断器の溶断特性について次のように定めている.

① 低圧電路に使用するヒューズ

水平に取り付けた場合において，定格電流の**1.1倍**の電流に耐えること.

② 低圧電路に使用する配線用遮断器

(i) 定格電流の**1倍**の電流で自動的に動作しないこと.

(ii) 定格電流の**1.25倍**および**2倍**の電流を通じた場合において，規定の時間内に自動的に動作すること.

（例） **30A以下のものでは，1.25倍で60分，2倍の電流で2分以内**に動作すること

③ 高圧電路に使用する包装ヒューズ

定格電流の**1.3倍**の電流に耐え，かつ，**2倍**の電流で**120分以内**に溶断すること.

④ 高圧電路に使用する非包装ヒューズ

定格電流の**1.25倍**の電流に耐え，かつ，**2倍**の電流で**2分以内**に溶断すること.

---

(3) 地絡遮断器の施設について知ろう

(a) 地絡に対する保護対策（電技第15条）

電路には，地絡が生じた場合に，電線もしくは電気機械器具の損傷，**感電**，または**火災**のおそれがないよう，地絡遮断器の施設その他の適切な措置を講じなければならない．ただし，電気機械器具を**乾燥した場所**に施設する等地絡による危険のおそれがない場合は，この限りでない．

(b) 地絡遮断器の施設（電技解釈第36条）

電技解釈第36条では，地絡遮断器（条文では，「電路に地絡を生じたときに自動的に電路を遮断する装置」と表現）の施設について次のように定めている．

地絡遮断器の施設（低圧電路）

区分	設置しなければならない箇所	設置を省略できる場合（抜粋）
低圧電路	金属製外箱を有する使用電圧が**60 V を超える低圧の機械器具に接続する電路**	①機械器具に**簡易接触防護措置**を施す場合 ②機械器具を次のいずれかの場所に施設する場合 　(i)発電所，蓄電所または変電所，開閉所もしくはこれらに準ずる場所 　(ii)**乾燥した場所** 　(iii)機械器具の対地電圧が**150 V** 以下の場合においては，水気のある場所以外の場所 ③機械器具が次のいずれかに該当する場合 　(i)電気用品安全法の適用を受ける**二重絶縁構造**のもの 　(ii)ゴム，合成樹脂その他の絶縁物で被覆したもの ④機械器具に施された C 種接地工事または D 種接地工事の接地抵抗値が**3 Ω** 以下の場合 ⑤電路の系統電源側に**絶縁変圧器**を施設するとともに，当該絶縁変圧器の機械器具側の電路を**非接地**とする場合 ⑥機械器具内に電気用品安全法の適用を受ける**漏電遮断器**を取り付け，かつ，電源引出部が損傷を受けるおそれがないように施設する場合 ⑦，⑧は省略
	高圧または特別高圧の電路と変圧器によって結合される，使用電圧が**300 V を超える低圧電路**	①発電所，蓄電所または変電所もしくはこれらに準ずる場所にある電路 ②大地から絶縁することが技術上困難なものに電気を供給する専用の電路

地絡遮断器の施設（高圧または特別高圧の電路）

地絡遮断装置を施設する箇所	保護する電路	地絡遮断装置を施設しなくてもよい場合
発電所，蓄電所または変電所もしくはこれに準ずる場所の引出口	発電所，蓄電所または変電所もしくはこれに準ずる場所から引出される電路	省略
他の者から供給を受ける受電点	受電点の負荷側の電路	他の者から供給を受ける電気を全てその受電点に属する受電場所において変成し，または使用する場合
配電用変圧器の施設箇所	配電用変圧器の負荷側電路	省略

以上の説明から，正解は(1)となる.

次の事項を特に覚えよう.

① 過電流遮断器の施設.

② 地絡遮断器の施設（設置箇所，省略できる場合）.

③ 過電流遮断器の電流耐量.

 チャレンジ問題

さあ，最後の実力チェックです！

問1 次の文章は，「電気設備技術基準の解釈」に基づく地絡遮断装置等の施設に関する記述である.

金属製外箱を有する使用電圧が60Vを超える低圧の機械器具に接続する電路には，電路に地絡を生じたときに自動的に電路を遮断する装置を設けなければならないが，特に定められている場合には，この装置を設けることを省略することができる.

この特に定められた場合に該当しないのは，次のうちどれか.

(1) 機械器具を乾燥した場所に施設する場合.

(2) 対地電圧が150V以下の機械器具を水気のある場所以外の場所に施設する場合.

(3) 機械器具にC種接地工事またはD種接地工事を施す場合,

(4) 電気用品安全法の適用を受ける二重絶縁の構造の機械器具を施設する場合.

(5) 機械器具内に電気用品安全法の適用を受ける漏電遮断器を取り付け，かつ，電源引出部が損傷を受けるおそれがないように施設する場合.

問2 次の文章は，「電気設備技術基準の解釈」に基づく過電流遮断器の施設に関する記述の一部である.

高圧または特別高圧電路中の過電流遮断器は，次により施設すること.

(一) 電路に ［ (ア) ］ を生じたときに作動する過電流遮断器は，これを施設する箇所を通過する ［ (イ) ］ を遮断する能力を有するものであること.

(二) 過電流遮断器は，その作動に伴いその ［ (ウ) ］ 状態を表示する装置を有するものであること.

上記の記述中の空白箇所(ア), (イ)および(ウ)に当てはまる組合せとして，正しいのは次のうちどれか.

	(ア)	(イ)	(ウ)
(1)	過電流	過電流	開路
(2)	短絡	短絡電流	開閉
(3)	短絡	過電流	開路
(4)	過負荷	過負荷	開路
(5)	過負荷	過電流	開閉

問3 次の文章は，「電気設備技術基準の解釈」に基づく過電流遮断器の施設に関する記述の一部である.

過電流遮断器として施設するヒューズのうち，高圧電路に用いる包装ヒューズ（ヒューズ以外の過電流遮断器と組み合わせて一の過電流遮断器として使用するものを除く.）は，定格電流の ［ (ア) ］ 倍の電流に耐え，かつ，2倍の電流で，［ (イ) ］ 分以内に溶断するものであること.

〔12〕過電流および地絡遮断器の施設について知ろう

上記の記述中の空白箇所(ア)および(イ)に当てはまる組合せとして、正しいのは次のうちどれか。

	(ア)	(イ)
(1)	1.0	60
(2)	1.1	2
(3)	1.1	120
(4)	1.3	60
(5)	1.3	120

問4 次の文章は「電気設備技術基準の解釈」に基づく、低圧電路に使用する配線用遮断器の規格に関する記述の一部である。

過電流遮断器として低圧電路に使用する定格電流30 A以下の配線用遮断器は、次に適合するものであること。

(一) 定格電流の ［ (ア) ］ 倍の電流で自動的に動作しないこと

(二) 定格電流の1.25倍の電流を通じた場合において ［ (イ) ］ 分以内にまた ［ (ウ) ］ 倍の電流を通じた場合において2分以内に自動的に動作すること

上記の記述中の空白箇所(ア)、(イ)および(ウ)に当てはまる組合せとして、正しいのは次のうちどれか。

	(ア)	(イ)	(ウ)
(1)	1	30	2
(2)	1.1	30	4
(3)	1	60	3
(4)	1.1	60	4
(5)	1	60	2

法　規　〔13〕 → 発変電所の施設について知ろう

次の文章は，「電気設備技術基準の解釈」に基づく発電機の保護装置に関する記述の一部である．

発電機には，次の場合などに，自動的にこれを電路から遮断する装置を施設すること．

(一) 発電機に □(ア)□ を生じた場合

(二) 容量が2 000 kV・A 以上の水車発電機の □(イ)□ 軸受の温度が著しく □(ウ)□ した場合

上記の記述中の空白箇所(ア)，(イ)および(ウ)に当てはまる組合せとして，正しいのは次のうちどれか．

	(ア)	(イ)	(ウ)
(1)	過電流	スラスト	上昇
(2)	過電流	スラスト	変動
(3)	過電圧	案内羽根	上昇
(4)	過電圧	案内羽根	低下
(5)	過電圧	案内羽根	変動

電技第 23 条および電技解釈第 38 条では発電所等における立入りの制限について，同第 42 条では発電機の保護装置について，電技第 46 条および電技解釈第 47 条では常時監視をしない発電所について定めている．

また，風力発電設備技術基準では，風力発電設備に関する技術基準を定めている．

詳しい解説

(1) 立入り防止について知ろう

(a) 発電所等への取扱者以外の者の立入防止

（電技第 23 条）

① 高圧または特別高圧の電気機械器具，母線等を施設する発電所，

蓄電所または変電所，開閉所もしくはこれらに準ずる場所には，**取扱者以外の者**に電気機械器具，母線等が**危険**である旨を表示するとともに，当該者が容易に**構内**に立ち入るおそれがないように適切な措置を講じなければならない．

② 　地中電線路に施設する**地中箱**は，取扱者以外の者が容易に立ち入るおそれがないように施設しなければならない．

(注)　地中箱とはマンホール，ハンドホール等をいう．

(b)　**さく，へい等の施設**（電技解釈第38条）

電技解釈第38条では，高圧または特別高圧の機械器具，母線等を屋外または屋内に施設する発電所，蓄電所，変電所，開閉所等では，取扱者以外の者が立ち入らないように次のように定めている．

① 　**屋外に施設する場合**

(i)　さく，へい等を設けること．

(ii)　特別高圧の機械器具等を施設する場合は，さく，へい等の高さとさく，へい等から充電部分までの距離との和は，35 000 V 以下の場合では**5 m 以上**，35 000 V を超え 160 000 V 以下の場合は，**6 m 以上**とする．

(iii)　出入口に**立入り**を**禁止**する旨を表示すること．

(iv)　出入口に**施錠装置**を施設して施錠する等，取扱者以外の者の出

入りを制限する措置を講ずること.

② **屋内に施設する場合は**，次により施設する.

(i) 次のいずれかによること.

ア　堅ろうな壁を設けること.

イ　さく，へい等を設け，当該さく，へい等の高さと，さく，へい等から充電部分までの距離との和は，35 000 V 以下の場合は **5 m 以上**，35 000 V を超え 160 000 V 以下の場合は **6 m 以上** とする.

(ii) 出入口に**立入りを禁止**する旨を表示すること.

(iii) 出入口に**施錠装置**を施設して施錠する等，取扱者以外の者の出入りを制限する措置を講じること.

(2) 発電機の保護装置について知ろう

電技解釈第 42 条では，次の場合には発電機を自動的に電路から遮断する装置を施設することと定めている.

① 発電機に**過電流**を生じた場合.

② 容量が 500 kV·A 以上の発電機を駆動する水車の**圧油装置の油圧**または電動式ガイドベーン制御装置，電動式ニードル制御装置もしくは電動式デフレクタ制御装置の**電源電圧**が著しく**低下**した場合.

③ 容量が 100 kV·A 以上の発電機を駆動する風車の圧油装置の油圧，圧縮空気装置の空気圧または電動式ブレード制御装置の**電源電圧**が著しく**低下**した場合.

④ 容量が 2 000 kV·A 以上の**水車発電機のスラスト軸受**の温度が著しく**上昇**した場合.

⑤ 容量が 10 000 kV·A 以上の発電機の**内部に故障**を生じた場合.

⑥ 省略

以上の説明から，正解は(1)となる.

(3) 発電機等の機械的強度について知ろう

発電機等の機械的強度 （電技第 45 条）

① 発電機，変圧器，調相設備ならびに母線およびこれを支持するがいしは，**短絡電流**により生ずる**機械的衝撃**に耐えるものでなけ

〔13〕発変電所の施設について知ろう

ればならない．

② 水車または風車に接続する発電機の回転する部分は**負荷を遮断**した場合に起こる速度に対し，蒸気タービン，ガスタービンまたは内燃機関に接続する発電機の回転する部分は**非常調速装置**およびその他の非常停止装置が動作して達する**速度**に対し，耐えるものでなければならない．

⑷ 太陽電池モジュール等の施設について知ろう

電技解釈第200条第2項では，太陽電池モジュール等の施設について，次のように定めている．

① **充電部分**が露出しないように施設すること．

② 太陽電池モジュールに接続する負荷側の電路には，その接続点に近接して**開閉器**その他これに類する器具を施設すること．

③ 太陽電池モジュールを並列に接続する電路には，その電路に**短絡**を生じた場合に電路を保護する過電流遮断器その他の器具を施設すること．ただし，当該電路が**短絡電流**に耐えるものである場合は，この限りでない．

④ 電線は，次によること．

　（i）電線は直径1.6 mmの軟銅線またはこれと同等以上の強さおよび太さのものであること．

　（ii）**合成樹脂管工事**または**金属管工事**，**金属可とう電線管工事**もしくは**ケーブル工事**により施設すること．

⑤ 太陽電池モジュールおよび開閉器その他の器具に電線を接続する場合は，ねじ止めその他の方法により，堅ろうに，かつ，電気的に完全に接続するとともに，接続点に張力が加わらないようにすること．

⑸ 常時監視をしない発電所等の施設（電技第46条）

① 異常が生じた場合に**人体に危害を及ぼし**，もしくは物件に損傷を与えるおそれがないよう，異常の状態に応じた**制御**が必要となる発電所，または一般送配電事業もしくは配電事業に係る電気の供給に著しい支障を及ぼすおそれがないよう，異常を早期に発見

する必要のある発電所であって，発電所の運転に必要な**知識および技能**を有する者が当該発電所またはこれと**同一の構内**において常時監視をしないものは，施設してはならない．

② 前項に掲げる発電所以外の発電所，蓄電所または変電所（これに準ずる場所であって，100 000 V を超える特別高圧の電気を変成するためのものを含む．以下この条において同じ．）であって，発電所，蓄電所または変電所の運転に必要な**知識および技能**を有する者が当該発電所もしくはこれと**同一の構内**，蓄電所または変電所において常時監視をしない発電所，蓄電所または変電所は，非常用予備電源を除き，異常が生じた場合に安全かつ確実に**停止**することができるような措置を講じなければならない．

常時監視をしない発電所の監視方式 （電技解釈第 47 条の 2）

① 随時巡回方式は，**技術員が適当な間隔**をおいて発電所を巡回し，運転状態の監視を行うもの．

② 随時監視制御方式は，**技術員が必要に応じて**発電所に出向き，運転状態の監視または制御その他必要な措置を行うもの．

③ 遠隔常時監視制御方式は，**技術員が制御所に常時駐在**し，発電所の運転状態の監視および制御を遠隔で行うもの

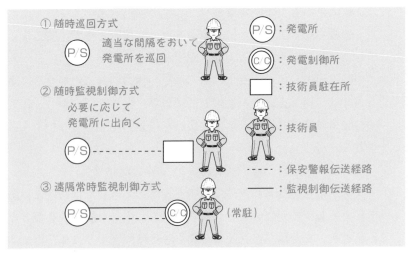

常時監視をしない発電所の監視方式

⑹ 発電用風力設備の規制について知ろう

発電用風力設備については，発電用風力設備に関する技術基準を定める省令により規制されている．

⒜ 風車（省令第4条）

風車は，次により施設しなければならない．

① 負荷を遮断したときの最大速度に対し，**構造上安全**であること

② 風圧に対して，**構造上安全**であること

③ 運転中に風車に損傷を与えるような**振動**がないように施設すること

④ 通常想定される最大風速においても取扱者の意図に反して風車が起動することのないように施設すること．

⑤ 運転中に他の工作物，植物等に**接触**しないようにすること

⒝ 風車の安全な状態の確保（省令第5条）

風車は，次の場合に安全かつ自動的に停止するような措置を講じなければならない．

① **回転速度**が著しく上昇した場合

② 風車の**制御装置**の機能が著しく低下した場合

③ 省略

④ 最高部の**地表**からの高さが20mを超える発電用風力設備には，**雷撃**から風車を保護するような措置を講じなければならない．ただし，周囲の状況によって**雷撃**が風車を損傷するおそれがない場合においては，この限りではない

⒞ 風車を支持する工作物（省令第7条）

① 風車を支持する工作物は，自重，積載荷重，積雪および風圧ならびに地震その他の振動および衝撃に対して構造上安全でなければならない．

② 省略

次の事項を特に覚えよう．

① 発電機の保護装置

② 発電所におけるさく，へい等の施設

③ 発電機の機械的強度

④　太陽電池モジュールなどの施設

⑤　常時監視をしない発電所の施設

⑥　風力用発電設備の規制

チャレンジ問題

さあ，最後の実力チェックです！

問1　次の文章は，「電気設備技術基準」に基づく発電所等への取扱者以外の者の立入の防止に関する記述である．

a.　　[(ア)] の電気機械器具，母線等を施設する発電所，蓄電所または変電所，開閉所もしくはこれらに準ずる場所には，取扱者以外の者に電気機械器具，母線等が [(イ)] である旨を表示するとともに，当該者が容易に [(ウ)] に立ち入るおそれがないように適切な措置を講じなければならない．

b.　地中電線路に施設する [(エ)] は，取扱者以外の者が容易に立ち入るおそれがないように施設しなければならない．

上記の記述中の空白箇所(ア)，(イ)，(ウ)および(エ)に当てはまる組合せとして，正しいのは次のうちどれか．

	(ア)	(イ)	(ウ)	(エ)
(1)	特別高圧	高電圧	構　内	換気口
(2)	高圧	危　険	区域内	地中箱
(3)	高圧または特別高圧	高電圧	施設内	地中箱
(4)	特別高圧	充電中	区域内	換気口
(5)	高圧または特別高圧	危　険	構　内	地中箱

問2　次の文章は，「電気設備技術基準の解釈」に基づく発電所等への取扱者以外の者の立入の防止に関する記述である．

高圧または特別高圧の機械器具および母線等（以下，「機械器具等」という．）を屋外に施設する発電所，蓄電所または変電所，開閉所もしくはこれらに準ずる場所は，次により構内に取扱者以外の者が立ち入らないような措置を講じること．

〔13〕発変電所の施設について知ろう

ただし，土地の状況により人が立ち入るおそれがない箇所について
は，この限りでない.

a　さく，へい等を設けること.

b　特別高圧の機械器具等を施設する場合は，上記aのさく，へい
等の高さと，さく，へい等から充電部分までの距離との和は，表
に規定する値以上とすること.

充電部分の使用電圧の区分	さく，へい等の高さと，さく，へい等から充電部分までの距離との和
35 000 V 以下	(ア)　m
35 000 V を超え 160 000 V 以下	(イ)　m

c　出入口に立入りを　(ウ)　する旨を表示すること.

d　出入口に　(エ)　装置を施設して　(エ)　する等，取扱者以外の
者の出入りを制限する措置を講じること.

上記の記述中の空白箇所(ア)，(イ)，(ウ)および(エ)に当てはまる組合せと
して，正しいのは次のうちどれか.

	(ア)	(イ)	(ウ)	(エ)
(1)	5	6	禁止	施錠
(2)	5	6	禁止	監視
(3)	4	5	確認	施錠
(4)	4	5	禁止	施錠
(5)	4	5	確認	監視

問3　次の文章は，「電気設備技術基準の解釈」における，発電機
の保護装置に関する記述の一部である.

発電機には，次の場合に，発電機を自動的に電路から遮断する装置
を施設すること.

a．発電機に　(ア)　を生じた場合.

b．容量が100 kV・A以上の発電機を駆動する風車の圧油装置の油
圧，圧縮空気装置の空気圧または電動式ブレード制御装置の電源
電圧が著しく　(イ)　した場合.

c．容量が2000kV・A以上の水車発電機のスラスト軸受の ⬚(ウ) が著しく上昇した場合．

d．容量が10000kV・A以上の発電機の ⬚(エ) に故障を生じた場合．

上記の記述中の空白箇所(ア)，(イ)，(ウ)および(エ)に当てはまる組合せとして，正しいのは次のうちどれか．

	(ア)	(イ)	(ウ)	(エ)
(1)	過電流	低下	速度	内部
(2)	過電流	上昇	速度	原動機
(3)	過電流	低下	温度	内部
(4)	過電圧	低下	温度	原動機
(5)	過電圧	上昇	速度	原動機

問4 次の文章は，「電気設備技術基準」に基づく発電機等の機械的強度に関する記述の一部である．

a．発電機，変圧器，調相設備ならびに母線およびこれを支持するがいしは， ⬚(ア) により生ずる機械的衝撃に耐えるものでなければならない．

b．水車または風車に接続する発電機の回転する部分は， ⬚(イ) した場合に起こる速度に対し，耐えるものでなければならない．

c．蒸気タービン，ガスタービンまたは内燃機関に接続する発電機の回転する部分は， ⬚(ウ) およびその他の非常停止装置が動作して達する速度に対し，耐えるものでなければならない．

上記の記述中の空白箇所(ア)，(イ)および(ウ)に当てはまる組合せとして，正しいのは次のうちどれか．

	(ア)	(イ)	(ウ)
(1)	異常電圧	負荷を遮断	非常調速装置
(2)	短絡電流	負荷を遮断	非常調速装置
(3)	異常電圧	制御装置が故障	加速装置
(4)	短絡電流	負荷を遮断	加速装置
(5)	短絡電流	制御装置が故障	非常調速装置

〔13〕発変電所の施設について知ろう

問5　次の文章は,「電気設備技術基準」に基づく常時監視をしない発電所等の施設に関する記述である.

異常が生じた場合に ⎡ (ア) ⎤,もしくは物件に損傷を与えるおそれがないよう,異常の状態に応じた ⎡ (イ) ⎤ が必要となる発電所,または ⎡ (ウ) ⎤ に係る電気の供給に著しい支障を及ぼすおそれがないよう,異常を早期に発見する必要のある発電所であって,発電所の運転に必要な知識および技能を有する者が当該発電所またはこれと同一の構内において常時監視をしないものは,施設してはならない.

上記の記述中の空白箇所(ア),(イ)および(ウ)に当てはまる組合せとして,正しいのは次のうちどれか.

	(ア)	(イ)	(ウ)
(1)	事故を拡大し	制　御	送電事業
(2)	人体に危害を及ぼし	保護継電装置	一般送配電事業 もしくは配電事業
(3)	事故を拡大し	通信施設	特定電気事業
(4)	人体に危害を及ぼし	制　御	一般送配電事業 もしくは配電事業
(5)	事故を拡大し	保護継電装置	送電事業

問6　次の文章は,「発電用風力設備に関する技術基準を定める省令」の風車に関する記述の一部である.

1. 負荷を遮断したときの最大速度に対し, ⎡ (ア) ⎤ であること.
2. 風圧に対して ⎡ (ア) ⎤ であること.
3. 運転中に風車に損傷を与えるような ⎡ (イ) ⎤ がないように施設すること.
4. 通常想定される最大風速においても取扱者の意図に反して風車が起動することのないように施設すること.
5. 運転中に他の工作物,植物等に ⎡ (ウ) ⎤ しないように施設すること.

上記の記述中の空白箇所(ア),(イ)および(ウ)に当てはまる組合せとして,

正しいのは次のうちどれか.

	(ア)	(イ)	(ウ)
(1)	安 定	変 形	影 響
(2)	構造上安全	変 形	接 触
(3)	安 定	振 動	影 響
(4)	構造上安全	振 動	接 触
(5)	安 定	変 形	接 触

〔13〕発変電所の施設について知ろう

法規〔14〕 電線路について知ろう

やさしい問題　　次の文章は，「電気設備技術基準の解釈」における架空電線路の支持物の昇塔防止に関する記述である.

架空電線路の支持物に取扱者が昇降に使用する足場金具等を施設する場合は，地表上 ［(ア)］ m 以上に施設すること. ただし，次のいずれかに該当する場合はこの限りでない.

a　足場金具等が ［(イ)］ できる構造である場合

b　支持物に昇塔防止のための装置を施設する場合

c　支持物の周囲に取扱者以外の者が立ち入らないように，さく，へい等を施設する場合

d　支持物を山地等であって人が ［(ウ)］ 立ち入るおそれがない場所に施設する場合

上記の記述中の空白箇所(ア)，(イ)および(ウ)に当てはまる組合せとして，正しいのは次のうちどれか.

	(ア)	(イ)	(ウ)
(1)	2.0	内部に格納	頻繁に
(2)	2.0	取り外し	頻繁に
(3)	2.0	内部に格納	容易に
(4)	1.8	取り外し	頻繁に
(5)	1.8	内部に格納	容易に

要点　　電技第24条および電技解釈第53条では支持物の昇塔防止について，同第58条では風圧荷重について，同第62条では支線の使用について，同第61条および第62条では支線の使用細目を定めている.

詳しい解説

(1) 支持物の昇塔防止について知ろう

(a) 架空電線路の支持物の昇塔防止（電技第24条）

架空電線路の支持物には，感電のおそれがないよう，取扱者以外の者が容易に昇塔できないように適切な措置を講じなければならない.

(b) 支持物の昇塔防止（電技解釈第53条）

電技解釈第53条では，架空電線路の支持物の昇塔防止として次のように定めている.

・取扱者が昇降に使用する足場金具等を地表上 **1.8 m 以上**に施設すること. ただし，**次のいずれかに該当する場合は，この限りでない.**

① **足場金具等が内部に格納できる構造である場合**

② **支持物に昇塔防止のための装置を施設する場合**

③ **支持物の周囲に取扱者以外の者が立ち入らないように，さく，へい等を施設する場合**

④ **支持物を山地等であって人が容易に立ち入るおそれがない場所に施設する場合**

(2) 風圧荷重について考えよう

電技解釈第58条では，風圧荷重を，甲種風圧荷重，乙種風圧荷重，丙種風圧荷重および着雪時風圧荷重の四つに区分している.

(a) 甲種風圧荷重

次表に規定する構成材の垂直投影面積に加わる圧力を基礎として計算したもの，または **10 分間平均風速 40 m/s 以上**を想定した風洞実験に基づく値により計算したもの.

風圧を受けるものの区分		構成材の**垂直投影面積 1 m²**についての風圧
支持物（丸形のもの）		780 Pa
電線	多導体	880 Pa
	その他のもの	**980 Pa**

(b) 乙種風圧荷重

架渉線の周囲に**厚さ 6 mm，比重 0.9 の氷雪**が付着した状態に対し，

甲種風圧荷重の **0.5 倍**を基礎として計算したもの.

(c) 丙種風圧荷重

甲種風圧荷重の **0.5 倍**を基礎として計算したもの.

(d) 着雪時風圧荷重

架渉線の周囲に**比重 0.6 の雪が同心円状に付着した状態**に対し，**甲種風圧荷重の 0.3 倍**を基礎として計算したもの.

(3) 支線の使用について知ろう

電技解釈第 59 条では，架空電線路の支持物として使用する**鉄塔は，支線を用いてその強度を分担させないこと**と定めている.

(4) 支線の使用細目について知ろう

電技解釈第 61 条および第 62 条では，架空電線路の支持物に施設する支線については次のように定めている.

① 支線の安全率は **2.5 以上**，ただし，木柱，A 種鉄柱，A 種鉄筋コンクリート柱で**次の場合および第 70 条第 3 項に規定する場合は 1.5 以上**

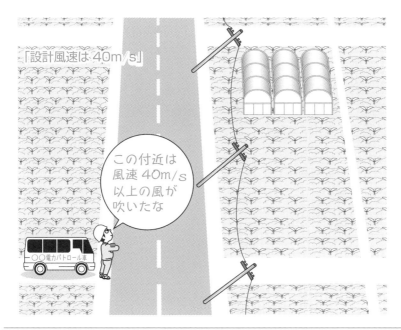

（ⅰ）　電線路の直線部分で，その両側の径間の差が大きい箇所の支線

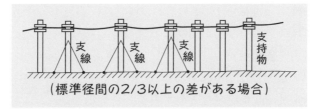

（標準径間の2/3以上の差がある場合）

（ⅱ）　電線路中**5度を超える水平角度をなす箇所の支線**

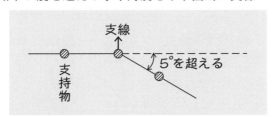

（ⅲ）　電線路中**全架渉線を引き留める箇所の支線**

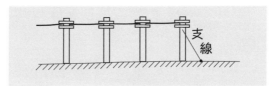

②　支線の引張強さは10.7kN（ただし，上記(ⅰ)，(ⅱ)，(ⅲ)および第70
　　条第3項により施設する支線にあっては，6.46kN）以上であること．

③　支線により線を使用する場合は，次によること．

　（ⅰ）　**素線を3条以上より合わせたものであること．**

　（ⅱ）　**素線は，直径が2 mm以上**，かつ，引張強さが$0.69\,\mathrm{kN/mm^2}$
　　　　以上の金属線であること．

④　**道路を横断する支線の高さは，路面上5 m以上とする．**（交通
　　に支障を及ぼすおそれがないときは，4.5m以上，歩道上におい
　　ては2.5m以上）

以上の説明から，正解は(5)となる．

支線の安全率とは次のとおりである．

$$支線の安全率 = \frac{支線の引張強さ}{許容引張荷重}$$

〔14〕電線路について知ろう

例えば，引張強さ 14.7 kN の支線でも，安全率を 1.5 とすれば，設計上用いる許容引張荷重は $\dfrac{14.7}{1.5} = 9.8\,\text{kN}$ となる．具体的計算は，"法規〔16〕"でとりあげる．

 次の事項を特に覚えよう．

① 支持物の昇塔防止．

② 甲種，乙種，丙種および着雪時風圧荷重の定義と荷重の大きさ．

③ 支線の使用細目．

チャレンジ問題

さあ，最後の実力チェックです！

問1 架空電線路の支持物に，取扱者が昇降に使用する足場金具等を地表上 1.8 m 未満に施設することができる場合として，「電気設備技術基準の解釈」に基づき，不適切なものは次のうちどれか．

(1) 監視装置を施設する場合

(2) 足場金具等が内部に格納できる構造である場合

(3) 支持物に昇塔防止のための装置を施設する場合

(4) 支持物の周囲に取扱者以外の者が立ち入らないように，さく，へい等を施設する場合

(5) 支持物を山地等であって人が容易に立ち入るおそれがない場所に施設する場合

問2 「電気設備技術基準及びその解釈」に基づく架空電線路に関する記述として，誤っているのは次のうちどれか．

(1) 架空電線路の支持物には，感電のおそれがないよう，取扱者以外の者が容易に昇塔できないように適切な措置を講じなければならない．

(2) 架空電線路の支持物には，取扱者が昇降に使用する足場金具等を地表上 1.8 m 以上に施設しなければならないが，支持物に危険

表示をする場合は，この限りでない．

(3) 架空電線路に使用する支持物の強度の計算に適用する風圧荷重には，甲種，乙種，丙種および着雪時風圧荷重の4種類がある．

(4) 架空電線路の支持物として使用する鉄塔は，支線を用いて，その強度を分担させないこと．

(5) 架空電線路の支持物に施設する支線は，これと同等以上の効力のある支柱で代えることができる．

問3 次の文章は，「電気設備技術基準の解釈」に基づく支線の仕様細目に関する記述の一部である．

架空電線路の支持物に施設する支線は，次によること．

(一) 支線の安全率は，原則として，[(ア)]以上であること

(二) 素線[(イ)]条以上をより合わせたものであること

(三) 素線には，直径[(ウ)]mm 以上および引張強さ $0.69\,\mathrm{kN/mm^2}$ 以上の金属線を用いること

(四) 道路を横断して施設する支線の路面上の高さは，原則として，[(エ)]m 以上とすること

上記の記述中の空白箇所(ア)，(イ)，(ウ)および(エ)に当てはまる組合せとして，正しいのは次のうちどれか．

	(ア)	(イ)	(ウ)	(エ)
(1)	2	3	2	4.5
(2)	2.5	3	2	5
(3)	2.5	3	3	5
(4)	3	5	3	4.5
(5)	3	5	1.6	4

法規 〔15〕 ⟶ 風圧荷重の計算に挑戦

やさしい問題

　　　　　電線に断面積 $55\,\mathrm{mm}^2$（7本/3.2 mm）の硬銅より線（裸電線）を使用する特別高圧架空電線路に対する甲種風圧荷重を「電気設備技術基準の解釈」に基づき計算した場合，電線に加わる風圧は，電線1条1m当たり何ニュートンにとらなければならないか．最も近い値を次のうちから選べ．

（1）4.7　　（2）9.4　　（3）12.2　　（4）14.1　　（5）19.6

要点

　　　　　"法規〔14〕"で説明したとおり，支持物の強度計算に適用する風圧荷重には，甲種風圧荷重，乙種風圧荷重，丙種風圧荷重，着雪時風圧荷重がある．この章では，電線にかかる風圧荷重を実際に計算してみよう．

詳しい解説

（1）風圧荷重の大きさを知ろう

電線（多導体以外のもの）の垂直投影面積1 〔m²〕についての風圧は次のとおりである．

（a）甲種風圧荷重……**980 Pa**

例えば，直径（外径）10 mm の電線で，長さ1m当たりの甲種風圧荷重は，

$$垂直投影面積（斜線の面積）=10\times10^{-3}\times1=0.01\,\mathrm{m}^2$$
$$甲種風圧荷重=0.01\times980=9.8\,\mathrm{Pa\cdot m}^2=9.8\,\mathrm{N}$$

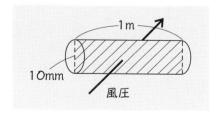

（注）直径（外径）には，絶縁電線の場合，被覆の厚さを含む．

(b) 乙種風圧荷重

電線に**厚さ 6 mm**，比重 0.9 の**氷雪が付着した状態を想定し，甲種風圧荷重の 0.5 倍**（490 Pa）とする．

例えば，直径（外径）10 mm の電線で，長さ 1 m 当たりの乙種風圧荷重は，6 mm の氷雪が付着したものと想定するので，

$$垂直投影面積（斜線の面積）=(6+10+6)\times10^{-3}\times1=0.022\,\text{m}^2$$
$$乙種風圧荷重=0.022\times490=10.8\,\text{N}$$

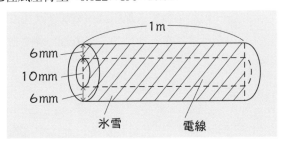

(c) 丙種風圧荷重

甲種風圧荷重の 0.5 倍，つまり **1 m^2 につき 490 Pa**．

例えば，直径（外径）10 mm の電線で，長さ 1 m 当たりの丙種風圧荷重は，垂直投影面積が $0.01\,\text{m}^2$ であるから，

$$丙種風圧荷重=0.01\times490=4.9\,\text{N}$$

(2) 風圧荷重の適用について知ろう

電技解釈第 58 条で，風圧荷重の適用区分を次のとおりとしている．

風圧荷重の適用区分

季節	地　　方		適用する風圧荷重
高温季	すべての地方		甲種風圧荷重
低温季	氷雪の多い地方	海岸地その他の低温季に最大風圧を生じる地方	甲種風圧荷重または乙種風圧荷重のいずれか大きいもの
		上記以外の地方	乙種風圧荷重
	氷雪の多い地方以外の地方		丙種風圧荷重

(注) 降雪の多い地域における着雪を考慮した荷重（異常着雪時想定荷重）は，着雪時風圧荷重を適用する．

(3) それでは本問について考えてみよう

① 電線の直径（外径）を求める.

3.2mm の素線を 7 本よったものであるので，直径 D は次図より，

$$D=3.2×3×10^{-3}$$

$$=9.6×10^{-3}\text{m}$$

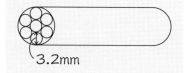

3.2mm

（**注**） より線の場合は直径 D を，

$$\frac{1}{4}×\pi D^2=55$$

$$\therefore \quad D=8.37\,\text{mm}$$

として求めてはいけない.

② 電線 1m 当たりの垂直投影面積を求める.

垂直投影面積$=9.6×10^{-3}×1\text{m}^2$

③ 甲種風圧荷重を求める.

甲種風圧荷重$=9.6×10^{-3}×1×980=9.4\text{N}$

以上の説明から，正解は(2)となる.

(4) 例題により理解を深めよう

例題 氷雪の多い地方のうち，低温季に最大風圧を生ずる地方において，電線に断面積 38 mm^2（7 本 /2.6 mm）の硬銅より線（裸電線）を使用する特別高圧架空電線路がある．低温季における電線に加わる

風圧は，電線 1 条 1 m 当たり何ニュートンにとらなければならないか．
最も近い値を次のうちから選べ．

　(1)　7.6　　(2)　9.7　　(3)　11.9　　(4)　13.5　　(5)　14.6

＜解法＞　風圧荷重の適用区分で，氷雪の多い地方のうち低温季に最
大風圧を生ずる地方の低温季は，甲種または乙種のいずれか大きい方
を採用する．したがって，甲種および乙種風圧荷重を計算して，大き
いほうを答とすればよい．

(1)　甲種風圧荷重の計算

①　電線の直径を求める．

2.6 mm の素線を 7 本よったもので
あるので，直径 D〔m〕は，

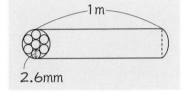

$$D = 2.6 \times 3 \times 10^{-3} = 7.8 \times 10^{-3} \,\text{m}$$

②　電線 1 m 当たりの垂直投影面積を求める．

$$垂直投影面積 = 7.8 \times 10^{-3} \times 1 \,\text{m}^2$$

③　甲種風圧荷重を求める．

$$甲種風圧荷重 = 7.8 \times 10^{-3} \times 1 \times 980 = 7.6 \,\text{N}$$

(2)　乙種風圧荷重の計算

①　厚さ 6 mm の氷雪が付着した状態の外径を求める．

$$外径 = (6 + 7.8 + 6) \times 10^{-3} = 19.8 \times 10^{-3} \,\text{m}$$

②　電線 1 m 当たりの垂直投影面積を求める．

$$垂直投影面積 = 19.8 \times 10^{-3} \times 1 = 0.0198 \,\text{m}^2$$

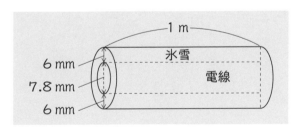

③　乙種風圧荷重を求める．

$$乙種風圧荷重 = 0.0198 \times 490 = 9.7 \,\text{N}$$

乙種風圧荷重のほうが大きいので，正解は(2)．

〔15〕風圧荷重の計算に挑戦

バイパス解説

より線は，7本よりの次は19本よりがある．

例えば，$80\,\text{mm}^2$（19本 /2.3 mm）の直径を求めてみよう．

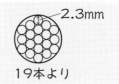
2.3mm
19本より

右図より，19本よりの裸電線の直径 D は，

$D = 2.3 \times 5\,\text{mm}$

つまり，素線の直径の5倍とする．

ここが重要!!

次の事項を特に覚えよう．

① 甲種，乙種，丙種風圧荷重の計算方法．

② 風圧荷重の地方別適用．

チャレンジ問題

さあ，最後の実力チェックです！

問1 次の文章は，「電気設備技術基準の解釈」に基づく風圧荷重の種別とその適用に関する記述の一部である．

乙種風圧荷重は，電線に厚さ ［ ア ］mm，比重 ［ イ ］の氷雪が付着したときを想定したもので，甲種風圧荷重の ［ ウ ］倍を基礎とする．

上記の記述中の空白箇所(ア), (イ)および(ウ)に当てはまる組合せとして，正しいのは次のうちどれか．

	(ア)	(イ)	(ウ)
(1)	5	0.8	0.3
(2)	5	0.9	0.3
(3)	5	0.9	0.5
(4)	6	0.8	0.3
(5)	6	0.9	0.5

問2 氷雪の多い地方のうち，海岸地その他の低温季に最大風圧を生ずる地方以外の地方において，電線に断面積 $100\,\text{mm}^2$（19本 /2.6 mm）の硬銅より線を使用する特別高圧架空電線路がある．この電線1条，長さ1m 当たりに加

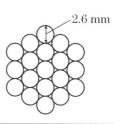
2.6 mm

わる水平風圧荷重について,「電気設備技術基準の解釈」に基づき,次の(a)および(b)に答えよ.

ただし, 電線は図のようなより線構成とする.

(a) 高温季における風圧荷重の値〔N〕として, 最も近いのは次のうちどれか.

    (1) 6.8　(2) 7.8　(3) 10.6　(4) 12.7　(5) 13.5

(b) 低温季における風圧荷重の値〔N〕として, 最も近いのは次のうちどれか.

    (1) 12.3　(2) 13.7　(3) 18.5　(4) 21.6　(5) 27.4

問3 鋼心アルミより線(ACSR)を使用する6600V高圧架空電線路がある. この電線路の電線の風圧荷重について「電気設備技術基準の解釈」に基づき, 次の(a)および(b)の問に答えよ.

なお, 下記の条件に基づくものとする.

① 氷雪が多く,海岸地その他の低温季に最大風圧を生じる地方で, 人家が多く連なっている場所以外の場所とする.

② 電線構造は図のとおりであり, 各素線, 鋼線ともに全てが同じ直径とする.

③ 電線被覆の絶縁体の厚さは一様とする.

素線の直径 2.3 mm

鋼線の直径 2.3 mm

絶縁体の厚さ 2.0 mm

④ 甲種風圧荷重は980Pa, 乙種風圧荷重の計算に使う氷雪の厚さは6mmとする.

(a) 高温季において適用する風圧荷重(電線1条,長さ1m当たり)の値〔N〕として, 最も近いのは次のうちどれか.

    (1) 4.9　(2) 5.9　(3) 7.9　(4) 9.8　(5) 10.7

(b) 低温季において適用する風圧荷重(電線1条,長さ1m当たり)の値〔N〕として, 最も近いのは次のうちどれか.

    (1) 4.9　(2) 8.9　(3) 10.8　(4) 11.2　(5) 12.5

法規 〔16〕 → 支線の計算に挑戦

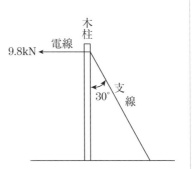

やさしい問題

　　　高圧架空電線路の支持物として，電線の水平荷重9.8 kN を引き留める木柱に「電気設備技術基準の解釈」に適合する支線を施設する場合，支線の素線条数は最低限度いくらにしなければならないか．正しい値を次のうちから選べ．

　ただし，支線の素線1条当たりの引張強さを4.31 kN とし，木柱の支線とのなす角度は30度とする．また，支線のより合わせによる引張荷重の減少係数は，無視するものとする．

(1) 3　　(2) 5　　(3) 7　　(4) 9　　(5) 11

　　　支線の素線条数は，支線にかかる張力を素線1条の引張強さで割れば求まるが，引き留め柱の場合は，安全率1.5（電技解釈第61条および第62条）を考慮する必要がある．

　つまり，素線条数 n は，

$$n \geqq \frac{\text{支線にかかる張力}}{\dfrac{\text{素線1条当たりの引張強さ}}{1.5}}$$

　また，支線にかかる張力は，力の釣合いから求める．

詳しい解説

(1) 力の釣合いを考えよう

　　　力の釣合いから支線にかかる張力を求めてみよう．

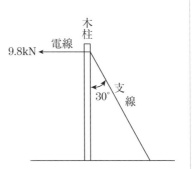

⒜ **電線の荷重が 1 点にかかる場合**

電線の荷重 T と支線にかかる張力 P の
水平分力 T_0 とが釣り合うので，

$\qquad T = T_0$

$\qquad T_0 = P \sin \theta$

したがって，支線にかかる張力 P は，

$\qquad P = \dfrac{T}{\sin \theta}$

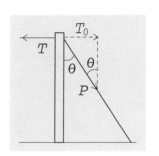

⒝ **電線の荷重が 2 点にかかる場合**

力のモーメントより，

$\qquad T_1 H_1 + T_2 H_2 = T_0 H_3$

$\qquad T_0 = P \sin \theta$

したがって，支線にかかる張力 P は，

$\qquad P = \dfrac{1}{\sin \theta} \times \dfrac{T_1 H_1 + T_2 H_2}{H_3}$

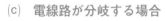

⒞ **電線路が分岐する場合**

例えば，支線に対して 120 度で分岐する場合を考えてみる．

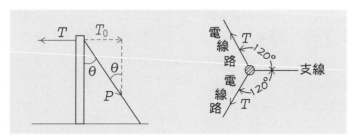

まず，支線の水平分力 T_0 を求める．

電線路の荷重のベクトル和が T_0 と
なるので，右図より T_0 は，

$\qquad T_0 = 2 \times T \cos 60° = T$

また，

$\qquad P \sin \theta = T_0$

したがって，支線にかかる張力 P は，

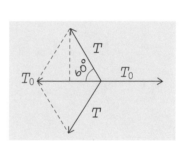

$$P = \frac{T}{\sin\theta}$$

となる.

(2) それでは本問について考えてみよう

① 支線にかかる張力 P を求める.

P の水平分力 T_0 は,$T_0 = 9.8\,\mathrm{kN}$ であるから,

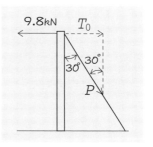

$$P\sin30° = T_0$$

$$\therefore \quad P = \frac{9.8}{\frac{1}{2}} = 19.6\,\mathrm{kN}$$

② 安全率を考慮した素線の許容引張荷重を求める.

$$素線1条当たりの許容引張荷重 = \frac{4.31}{1.5} = 2.87\,\mathrm{kN}$$

③ 素線条数 n を求める.

$$n \geqq \frac{19.6}{2.87}$$

$$\geqq 6.8$$

つまり,最低7条必要である.

以上の説明から,正解は(3)となる.

「角度があるほど強い力が必要です」

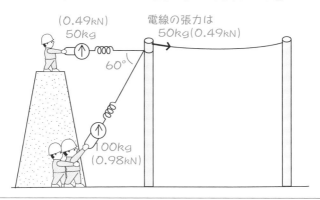

(3) 例題により理解を深めよう

例題 高圧架空電線路の支持物として，図のような張力で架線された電線を引き留める木柱に，「電気設備技術基準の解釈」に適合する支線を施設する場合，支線の素線条数は，最低限度いくらにしなければならないか．正しい値を次のうちから選べ．

ただし，支線の素線1条当たりの引張強さを4.31 kNとし，また，素線のより合わせによる引張荷重の減少係数を0.9とする．

なお，図の$\sin\theta = 0.64$とする．

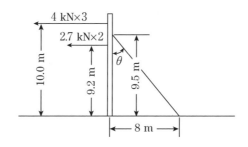

(1) 3　(2) 5　(3) 7　(4) 9　(5) 11

＜解法＞ ① 支線にかかる張力Pを求める．

力のモーメントよりT_0は，

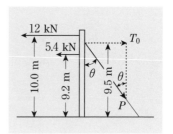

$$12 \times 10 + 5.4 \times 9.2 = T_0 \times 9.5$$

$$\therefore \quad T_0 = 17.9 \, \text{kN}$$

木柱と支線とのなす角をθとすれば，支線の張力Pは，

$$P\sin\theta = T_0$$

題意より，$\sin\theta = 0.64$であるから，

$$P = \frac{17.9}{0.64} = 28 \, \text{kN}$$

② 素線1条当たりの許容引張荷重を求める．

$$\text{素線1条当たりの許容引張荷重} = \frac{4.31}{1.5} = 2.9 \, \text{kN}$$

〔16〕支線の計算に挑戦

③ 素線条数 n を求める.

ここでは, 素線のより合わせによる引張荷重の減少係数 0.9 を考慮して,

$$n \geq \frac{28}{2.9 \times 0.9}$$

$$\geq 10.7$$

つまり, 最低 11 条必要となるので, 正解は(5).

 より込み減少係数を考慮した支線の素線条数 n は, 次の式で表せる.

$$n \geq \frac{\text{支線にかかる張力} \times \text{安全率}}{\text{素線 1 条の引張強さ} \times \text{より込み減少係数}}$$

安全率は, 引き留め柱の場合, 1.5 とする.

 次の事項を特に覚えよう.

① 次の場合の力の釣合い.

(ア) 電線の荷重が 1 点にかかる場合.

(イ) 電線の荷重が 2 点にかかる場合.

(ウ) 電線路が分岐する場合.

② 引き留め柱の素線条数の求め方.

チャレンジ問題

さあ, 最後の実力チェックです!

問1 高圧架空電線路の支持物として, 図のような張力で架線された電線を引き留める A 種鉄筋コンクリート柱に, 「電気設備技術基準の解釈」に適合する支線を施設する場合, 支線の素線条数の最低必要な値として, 正しいのは次のうちどれか.

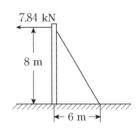

ただし, 支線の素線には直径 2.6 mm の亜鉛めっき鋼線 (引張強さ) 0.98 kN/mm^2 を, 使用し, より合わせによる引張荷重の減少係数を 0.9

とする.

(1) 3　　(2) 5　　(3) 7　　(4) 9　　(5) 11

問2　図のように，高圧架空電線路中
に電線路の方向が支線に対しそれぞれ
120度の水平角をなす箇所がある．この
箇所の木柱に直径4mmの鉄線を素線と
した支線を「電気設備技術基準の解釈」
により施設する場合，次の(a)および(b)に
答えよ．ただし，電線の水平荷重 T は8.82
kN，支線（より線）の素線1条の引張強
さは4.31kNとし，電線および支線の取
付点の地表上の高さはいずれも等しく11
m，木柱と支線とのなす角度は45度とす
る．また，素線のより合わせによる引張
荷重の減少係数は，無視するものとする．

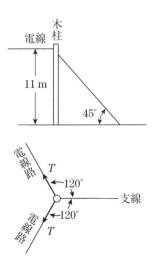

(a) 支線にかかる張力の値〔kN〕として，最も近いのは次のうち
どれか.

(1) 8.82　　(2) 12.5　　(3) 15.5　　(4) 17.6　　(5) 19.5

(b) 支線の素線条数の最低必要な値として，正しいのは次のうちど
れか.

(1) 3　　(2) 4　　(3) 5　　(4) 6　　(5) 7

法規〔17〕 → 架空電線路の弛度の計算に挑戦

やさしい問題

架空電線路において，径間 200 m のところに硬銅より線を架設しようとする．電線の引張強さが 77.5 kN，電線の重量と水平風圧との合成荷重が 26.7 N/m であるとすれば，電線の弛度の最低値〔m〕として，最も近いのは次のうちどれか．ただし，安全率は，「電気設備技術基準の解釈」において定められた値をとるものとする．

(1) 2.6 　　(2) 3.0 　　(3) 3.4 　　(4) 3.8 　　(5) 4.2

要点

電線は温度により伸び縮みするので，弛度（たるみ）をもたせて架設される．電線の弛度 D〔m〕の最低値は次の式で表される．

$$D = \frac{WS^2}{8T} \text{ m}$$

W：電線の荷重〔N/m〕
S：径間〔m〕
T：電線の許容引張荷重〔N〕

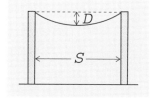

詳しい解説

(1) 弛度を求める式について考えよう

弛度 D〔m〕は次の式で表される．

$$D = \frac{WS^2}{8T} \text{ m}$$

各記号の持つ意味についてもう少し詳しく検討してみよう．

① S について

S は径間（支持物間の距離）〔m〕である．

② W について

W は 1 m 当たりの電線の自重と風圧荷重との合成荷重〔N/m〕である．

例えば，電線の自重が 6 N/m，風圧荷重が 8 N/m のときの合成荷重 W〔N/m〕は，次のようにして求める．

$$W = \sqrt{6^2 + 8^2} = 10 \text{ N/m}$$

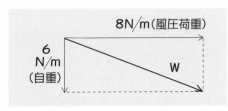

電線の自重は鉛直方向，風圧荷重は水平方向として計算する．

③ T について

T は電線の許容引張荷重〔**N**〕である．電線の引張強さに対しては安全率を考慮する必要がある．

$$T\,(電線の許容引張荷重) = \frac{電線の引張強さ}{安全率}$$

安全率は，電技解釈第 66 条，第 85 条で次のように規定されている．

　　硬銅線，耐熱銅合金線……**2.2 以上**

　　その他の電線（**硬アルミ線**）…**2.5 以上**

〔17〕架空電線路の弛度の計算に挑戦

⑵　それでは本問について考えてみよう

弛度 D〔m〕は次式で求められる.

$$D = \frac{WS^2}{8T} \text{ m}$$

題意により，$W=26.7\,\text{N/m}$，$S=200\,\text{m}$ である.

また，硬銅線の安全率は，2.2 であるから，

$$T = \frac{77.5 \times 1\,000}{2.2} = 35\,227 \text{ N}$$

以上より，

$$D = \frac{26.7 \times 200^2}{8 \times 35\,227} = 3.8 \text{ m}$$

以上の説明から，正解は⑷となる.

次の事項を特に覚えよう.

①　架空電線路の安全率.

②　弛度の求め方.

チャレンジ問題

さあ，最後の実力チェックです！

問1　次の文章は，「電気設備技術基準の解釈」に基づく高圧架空電線の安全率に関する記述である.

高圧架空電線は，ケーブルである場合を除き，安全率が硬銅線または耐熱銅合金線では ┃ ㈠ ┃ 以上，その他の電線では ┃ ㈣ ┃ 以上となるような ┃ ㈥ ┃ によって施設すること.

上記の記述中の空白箇所㈠，㈣および㈥に当てはまる組合せとして，正しいのは次のうちどれか.

	㈠	㈣	㈥
⑴	2.0	2.2	張力
⑵	2.2	2.5	張力
⑶	2.5	2.5	弛度
⑷	2.0	2.2	弛度

(5) 2.2   2.5   弛度

問2 電線に断面積 $38\,\mathrm{mm}^2$（7本/2.6mm）の硬アルミ線を使用する架空電線路がある．「電気設備技術基準の解釈」に基づいて計算した場合，次の(a)および(b)に答えよ．

ただし，径間は $100\,\mathrm{m}$，電線の自重と水平風圧との合成荷重は 8.7 N/m，電線の引張強さは $24.5\,\mathrm{kN}$ とする．

(a) 安全率を考慮した場合の電線の許容引張荷重の値〔N〕として，最も近いのは次のうちどれか．

(1) 16 300   (2) 13 600   (3) 12 200

(4) 11 100   (5) 98 00

(b) 電線の弛度の最低値〔m〕として，最も近いのは次のうちどれか．

(1) 1.9   (2) 1.7   (3) 1.5   (4) 1.3   (5) 1.1

---

〔17〕架空電線路の弛度の計算に挑戦

やさしい問題

　　　　　次の文章は,「電気設備技術基準」に基づく架空
電線等の高さに関する記述である.

　1. 架空電線, 架空電力保安通信線および架空電車
線は, 接触または ［　(ア)　］ 作用による ［　(イ)　］ のおそれがなく,
かつ, ［　(ウ)　］ に支障を及ぼすおそれがない高さに施設しなけ
ればならない.

　2. ［　(エ)　］ は, ［　(ウ)　］ に支障を及ぼすおそれがない高さに施設
しなければならない.

　上記の記述中の空白箇所(ア), (イ), (ウ)および(エ)に当てはまる組合
せとして, 正しいのは次のうちのどれか.

	(ア)	(イ)	(ウ)	(エ)
(1)	電磁	感電	交通	支柱
(2)	電磁	火災	通行	支線
(3)	静電	感電	通行	支柱
(4)	誘導	火災	通行	支柱
(5)	誘導	感電	交通	支線

要点

　　　　　電技解釈第 67 条では架空ケーブルによる施設につい
て, 電技第 25 条および電技解釈第 68 条では低高圧架
空電線の高さについて, 同第 70 条では高圧保安工事に
ついて, 定めている.

詳しい解説

(1) 架空ケーブルによる施設について知ろう

　　　　　電技解釈第 67 条では, 低圧架空電線または高
圧架空電線にケーブルを使用する場合, 次のように定めている.

① 次のいずれかの方法により施設すること.

　イ　ケーブルをハンガーによりちょう架用線に支持する方法

（ロ〜ホは省略）

② 高圧架空電線を上記イの方法により施設する場合は，ハンガーの間隔は**50 cm以下**であること．

③ **ちょう架用線は，引張強さが5.93 kN以上**のものまたは**断面積22 mm² 以上の亜鉛めっき鉄より線**であること．

④ **ちょう架用線**およびケーブルの被覆に使用する金属体には，**D種接地工事**を施すこと（例外規定あり）．

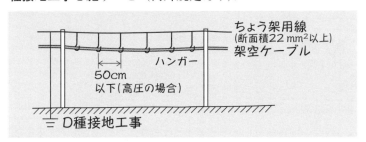

(2) 低高圧架空電線の高さを知ろう

(a) 架空電線等の高さ（電技第25条）

① 架空電線，架空電力保安通信線および架空電車線は，**接触または誘導作用**による**感電**のおそれがなく，かつ，**交通に支障を及ぼす**おそれがない高さに施設しなければならない．

② **支線**は，交通に支障を及ぼすおそれがない高さに施設しなければならない．

(b) 低高圧架空電線の高さ（電技解釈第68条）

電技解釈第68条では，**低圧架空電線**または**高圧架空電線の高さを次の値以上**にするように定めている．

低圧・高圧架空電線の高さ（次の値以上であること）

施設場所	低圧	高圧
道路横断（路面上）	**6 m**	**6 m**
鉄道または軌道横断（レール面上）	**5.5 m**	**5.5 m**
横断歩道橋の上（路面上）	**3 m**	**3.5 m**
その他（地表上）	（注）5 m	5 m

(注) 4 m以上とできる例外規定がある．

〔18〕低高圧架空電線路の施設にはどんな規制があるの

(3) 高圧架空電線路の径間について知ろう

電技解釈第63条では，高圧架空電線路の径間を次の値以下とするよう定めている．

高圧架空電線路の径間（次の値以下であること）

支持物の種類	径間（注）
木柱，A種鉄柱，A種鉄筋コンクリート柱	150m（100m）
B種鉄柱，B種鉄筋コンクリート柱	250m（150m）
鉄塔	600m（400m）

(注) 1. 径間は長径間工事以外の箇所を示す．
　　 2. （　）内は，高圧保安工事によるとき．

(4) 高圧保安工事について知ろう

高圧保安工事とは，高圧架空電線が建造物，道路，架空弱電流電線，アンテナ，低圧架空電線等と接近，交差する場合に，一般の工事より強化すべきもので，電技解釈第70条により次のように定められている．

架空電線路（支柱と電線）の高さはオリンピック記録ものだ

6m

項　目	高圧保安工事
電線の種類，太さ	・ケーブル ・引張強さ **8.01 kN 以上**のもの ・**直径 5 mm 以上の硬銅線** のいずれかを使用する．
木柱の安全率	風圧荷重に対する安全率は，**2.0 以上**

径間の制限	木柱，A 種鉄柱，A 種鉄筋コンクリート柱	**100 m 以下**
	B 種鉄柱，B 種鉄筋コンクリート柱	**150 m 以下**(注)
	鉄塔	**400 m 以下**(注)

(注)　電線に引張強さ 14.51 kN 以上のものまたは断面積 **38 mm²** 以上の硬銅より線を使用するときは，この限りでない．

以上の説明から，正解は(5)となる．

次の事項を特に覚えよう．

①　架空ケーブルによる施設．

②　低高圧架空電線の高さ．

③　高圧架空電線路の径間．

④　高圧保安工事．

 チャレンジ問題

さあ，最後の実力チェックです！

問1　次の文章は，「電気設備技術基準の解釈」に基づく架空ケーブルによる施設に関する記述の一部である．

高圧架空電線にケーブルを使用する場合は，次により施設すること．

㈠　ケーブルをハンガーによりちょう架用線に支持する場合は，ハンガーの間隔を □(ア)□ cm 以下とすること．

㈡　ちょう架用線は，断面積 □(イ)□ mm² 以上の亜鉛めっき鉄より線であること．

㈢　ちょう架用線およびケーブルの被覆に使用する金属体には □(ウ)□ 接地工事を施すこと．

上記の記述中の空白箇所(ア)，(イ)および(ウ)に当てはまる組合せとして，正しいのは次のうちどれか．

〔18〕低高圧架空電線路の施設にはどんな規制があるの

	(ア)	(イ)	(ウ)
(1)	25	22	D 種
(2)	25	38	A 種
(3)	30	55	A 種
(4)	50	22	D 種
(5)	50	55	C 種

問2 次の文章は，「電気設備技術基準の解釈」に基づく，低高圧架空電線の高さに関する記述の一部である．

a．道路（車両の往来がまれであるものおよび歩行の用にのみ供される部分を除く．）を横断する低圧架空電線の高さは路面上 ⬚(ア)⬚ m 以上．

b．道路（車両の往来がまれであるものおよび歩行の用にのみ供される部分を除く．）を横断する高圧架空電線の高さは路面上 ⬚(イ)⬚ m 以上．

c．横断歩道橋の上に施設する低圧架空電線の高さは横断歩道橋の路面上 ⬚(ウ)⬚ m 以上．

d．横断歩道橋の上に施設する高圧架空電線の高さは横断歩道橋の路面上 ⬚(エ)⬚ m 以上．

上記の記述中の空白箇所(ア)，(イ)，(ウ)および(エ)に当てはまる組合せとして，正しいのは次のうちどれか．

	(ア)	(イ)	(ウ)	(エ)
(1)	5.5	6.5	3.5	3
(2)	5.5	6.5	3	3.5
(3)	5.5	6	3	4
(4)	6	6	3	3.5
(5)	6	6	3.5	4

問3 次の文章は，「電気設備技術基準の解釈」に基づく高圧架空電線路の径間の制限に関する記述である．

高圧架空電線路の径間は，原則として，支持物が木柱，A種鉄柱または A種鉄筋コンクリート柱である場合は □(ア)□ m，B種鉄柱または B種鉄筋コンクリート柱である場合は □(イ)□ m，鉄塔である場合は □(ウ)□ m 以下とすること．

　上記の記述中の空白箇所(ア), (イ)および(ウ)に当てはまる組合せとして，正しいのは次のうちどれか．

	(ア)	(イ)	(ウ)
(1)	100	150	500
(2)	100	150	550
(3)	150	250	600
(4)	150	250	650
(5)	200	300	700

問4　次の文章は，「電気設備技術基準の解釈」に基づく，高圧架空電線路の電線の断線，支持物の倒壊等による危険を防止するため必要な場合に行う，高圧保安工事に関する記述の一部である．

a．電線は，ケーブルである場合を除き，引張強さ □(ア)□ 〔kN〕以上のものまたは直径5mm以上の □(イ)□ であること．

b．木柱の □(ウ)□ 荷重に対する安全率は，2.0以上であること．

c．径間は，下表の左欄に掲げる支持物の種類に応じ，それぞれ同表の右欄に掲げる値以下であること．ただし，電線に引張強さ 14.51kN 以上のものまたは断面積 □(エ)□ mm² 以上の硬銅より線を使用する場合であって，支持物にB種鉄柱，B種鉄筋コンクリート柱または鉄塔を使用するときは，この限りでない．

支持物の種類	径　　間
木柱，A種鉄柱またはA種鉄筋コンクリート柱	100 m
B種鉄柱またはB種鉄筋コンクリート柱	150 m
鉄　　　塔	400 m

　上記の記述中の空白箇所(ア), (イ), (ウ)および(エ)に当てはまる組合せとして，正しいのは次のうちどれか．

〔18〕低高圧架空電線路の施設にはどんな規制があるの

	(ア)	(イ)	(ウ)	(エ)
(1)	8.71	硬銅線	垂　直	60
(2)	8.01	硬銅線	風　圧	60
(3)	8.01	高圧絶縁電線	垂　直	60
(4)	8.71	高圧絶縁電線	風　圧	38
(5)	8.01	硬銅線	風　圧	38

法　規　〔19〕 → 低高圧架空電線路の接近，共架について知ろう

やさしい問題

次の文章は，「電気設備技術基準」に基づく電線の混触の防止に関する記述である．

電線路の電線，電力保安通信線または ［ (ア) ］ 等は，他の電線または ［ (イ) ］ と接近し，もしくは交差する場合または同一支持物に ［ (ウ) ］ する場合には，他の電線または ［ (イ) ］ を損傷するおそれがなく，かつ，［ (エ) ］，断線等によって生じる混触による感電または火災のおそれがないように施設しなければならない．

上記の記述中の空白箇所(ア)，(イ)，(ウ)および(エ)に当てはまる組合せとして，正しいのは次のうちどれか．

	(ア)	(イ)	(ウ)	(エ)
(1)	架空地線	き電線	添架	短絡
(2)	架空地線	電話線	共架	振動
(3)	き電線	弱電流電線等	施設	接触
(4)	電車線	弱電流電線等	施設	接触
(5)	電車線	き電線	添架	振動

要点

電技解釈第71条では低高圧架空電線と建造物との接近について，同第80条では低高圧架空電線等の併架について，同第81条では低高圧架空電線と架空弱電流電線等との共架について，電技第36条では油入開閉器の施設制限について定めている．

詳しい解説

(1) 接近等による危険防止の基本的事項について知ろう

電技では，次のように定めている．

(a) 電線の混触の防止（電技第28条）

電線路の電線，電力保安通信線または**電車線等**は，他の電線または

---

〔19〕低高圧架空電線路の接近，共架について知ろう

弱電流電線等と接近し，もしくは交差する場合または同一支持物に**施設**する場合には，他の電線または**弱電流電線等**を損傷するおそれがなく，かつ，**接触**，断線等によって生じる混触による感電または火災のおそれがないように施設しなければならない．

(b) 電線による他の工作物等への危険の防止（電技第29条）

電線路の電線または電車線等は，他の工作物または植物と接近し，または交差する場合には，他の工作物または植物を損傷するおそれがなく，かつ，接触，断線等によって生じる感電または火災のおそれがないように施設しなければならない．

(c) 地中電線等による他の電線および工作物への危険の防止（電技第30条）

地中電線，屋側電線およびトンネル内電線その他の工作物に固定して施設する電線は，他の電線，弱電流電線等または管と接近し，または交差する場合には，故障時のアーク放電により他の電線等を損傷するおそれがないように施設しなければならない．

(2) 低高圧架空電線と建造物との接近について知ろう

電技解釈第71条では，低圧架空電線または高圧架空電線が建造物と接近状態に施設される場合，次のように定めている．

① 高圧架空電線路は，**高圧保安工事**により施設すること．

② 低高圧架空電線と建造物の造営材との離隔距離は，次の値以上であること．

建造物との離隔距離

区分	低圧架空電線	高圧架空電線
上部造営材の上方	**2 m**（電線が高圧絶縁電線，特別高圧絶縁電線または**ケーブルである場合は1 m**）	**2 m**（電線がケーブルである場合は1 m）
その他	**1.2 m**（人が建造物の外へ手を伸ばすまたは身を乗り出すことができない部分は**0.8 m**，電線が高圧絶縁電線，特別高圧絶縁電線またはケーブルである場合は0.4m）	**1.2 m**（人が建造物の外へ手を伸ばすまたは身を乗り出すことができない部分は**0.8 m**，電線がケーブルである場合は0.4m）

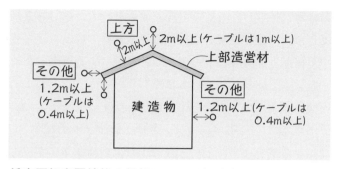

(3) 低高圧架空電線等の併架について知ろう

電技解釈第80条では，低圧架空電線と高圧架空電線とを同一支持物に施設する場合，次のいずれかにより施設することを定めている．

① 次により施設すること．

(ア) 低圧架空電線を高圧架空電線の**下**に施設すること．

(イ) 低圧架空電線と高圧架空電線は，**別個の腕金類**に施設すること．

(ウ) 低圧架空電線と高圧架空電線との離隔距離は，**0.5 m** 以上であること．ただし，かど柱，分岐柱等で混触の恐れがないように施設する場合は，この限りでない．

② 高圧架空電線にケーブルを使用するとともに，高圧架空電線と低圧架空電線との離隔距離を 0.3 m 以上とすること．

(4) 低高圧架空電線と架空弱電流電線等との共架について知ろう

電技解釈第81条では，低圧架空電線または高圧架空電線と架空弱電流電線等とを同一支持物に施設する場合，次のように定めている．

〔19〕低高圧架空電線路の接近，共架について知ろう

① 電線路の支持物として使用する木柱の風圧荷重に対する安全率は，2.0以上であること．

② 架空電線を架空弱電流電線等の上とし，別個の腕金類に施設すること．

③ 架空電線と架空弱電流電線等との離隔距離は，原則として，**低圧にあっては0.75 m以上，高圧にあっては1.5 m以上**であること．

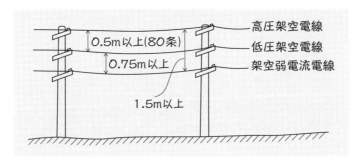

(5) 油入開閉器の施設制限について知ろう（電技第36条）

絶縁油を使用する開閉器，断路器および遮断器は，**架空電線路の支持物**に施設してはならない．

以上の説明から，正解は(4)となる．

次の事項を特に覚えよう．

① 低高圧架空電線と建造物との離隔．

② 低高圧架空電線と架空弱電流電線等との共架．

③ 油入開閉器の施設制限．

チャレンジ問題

さあ，最後の実力チェックです！

問1 次の文章は，「電気設備技術基準の解釈」に基づく低高圧架空電線と架空弱電流電線との共架に関する記述の一部である．

低圧架空電線または高圧架空電線と架空弱電流電線とを同一支持物に施設する場合の規制事項として，誤っているのは次のうちどれか．

(1) 低圧架空電線路の接地線と架空弱電流電線路の接地線とは，それぞれ別個に施設すること．

〔19〕低高圧架空電線路の接近，共架について知ろう

131

(2) 低圧架空電線と架空弱電流電線との離隔距離は，原則として 0.75m 以上であること．

(3) 支持物として使用する木柱の風圧荷重に対する安全率は，2.0 以上であること．

(4) 高圧架空電線と架空弱電流電線との離隔距離は，原則として 1.5 m 以上であること．

(5) 原則として，架空電線を架空弱電流電線の下とし，別個の腕金類に施設すること．

問2 「電気設備技術基準」により，架空配電線の支持物に施設することを禁止されている開閉器類として，正しいのは次のうちどれか．

(1) 高圧カットアウト

(2) 高圧ガス負荷開閉器

(3) 高圧真空負荷開閉器

(4) 高圧気中負荷開閉器

(5) 高圧油入負荷開閉器

法 規 〔20〕 → 屋側電線路，引込線および連接引込線の規制について知ろう

やさしい問題

次の文章は，「電気設備技術基準の解釈」に基づく低圧連接引込線の施設に関する記述の一部である．

低圧連接引込線は，次の各号により施設すること．

(一) 引込線から分岐する点から ［ (ア) ］m を超える地域にわたらないこと．

(二) 幅 ［ (イ) ］m を超える道路を横断しないこと．

(三) ［ (ウ) ］を通過しないこと．

上記の記述中の空白箇所(ア)，(イ)および(ウ)に当てはまる組合せとして，正しいのは次のうちどれか．

	(ア)	(イ)	(ウ)
(1)	100	4	構内
(2)	100	5	屋内
(3)	150	4	屋内
(4)	150	5	屋内
(5)	150	5	構内

要点

電技解釈第 111 条では高圧屋側電線路の施設について，同第 116 条では低圧架空引込線および低圧連接引込線の施設について，同第 117 条では高圧架空引込線の施設について定めている．

詳しい解説

(1) 高圧屋側電線路について知ろう

建物の屋側に取り付けられた電線路を屋側電線路という．高圧屋側電線路は，電技解釈第 111 条第 2 項により次のように定められている．

① 展開した場所に施設すること．

② 省略

③ 電線は，**ケーブル**であること．

④ ケーブルには，接触防護措置を施すこと．

⑤ ケーブルを造営材の側面または下面に沿って取り付ける場合は，ケーブルの支持点間の距離を **2 m**（**垂直**に取り付ける場合は，**6 m**）以下とし，かつその被覆を損傷しないように取り付けること．

⑥ ケーブルをちょう架用線にちょう架して施設する場合は，低高圧架空電線路の架空ケーブルによる施設に準じて施設するとともに，電線が高圧屋側電線路を施設する造営材に接触しないように施設すること．

⑦ 管その他のケーブルを収める防護装置の金属製部分，金属製の電線接続箱およびケーブルの被覆に使用する金属体には，これらのものの防食措置を施した部分および大地との間の電気抵抗値が 10 Ω 以下である部分を除き，A 種接地工事（接触防護措置を施す場合は，D 種接地工事）を施すこと．

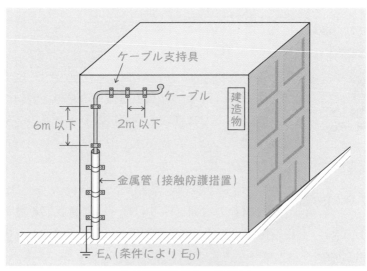

高圧屋側電線路の施設例

〔20〕屋側電線路，引込線および連接引込線の規制について知ろう

134

(2) 低圧架空引込線の施設について知ろう

電技解釈第116条では，低圧架空引込線の施設について次のように定めている．

① 電線は絶縁電線またはケーブルであること．

② 電線は，ケーブルである場合を除き，引張強さ**2.30 kN 以上**のものまたは**直径 2.6 mm 以上**の硬銅線であること．

　　ただし，**径間が 15 m 以下の場合**に限り，引張強さ**1.38 kN 以上**のものまたは**直径 2 mm 以上**の硬銅線を使用することができる．

③ 電線の高さは次によること．

　　(i) 道路横断（路面上）……**5 m 以上**（交通に支障のないときは**3 m 以上**）

　　(ii) 鉄道または軌道横断（レール面上）……**5.5 m 以上**

　　(iii) 横断歩道橋の上（路面上）……**3 m 以上**

　　(iv) その他（地表上）……4 m 以上（原則として）

(3) 低圧連接引込線の施設について知ろう

電技解釈第116条第4項では，低圧連接引込線の施設について次のように定めている．

① 引込線から分岐する点から**100 m を超える地域にわたらない**こと．

② 幅**5 m を超える道路を横断しない**こと．

③ **屋内を通過しない**こと．

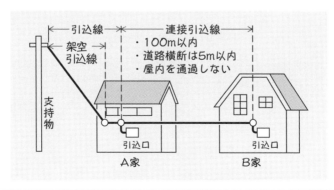

(4) 高圧架空引込線の施設について知ろう

電技解釈第117条では，高圧架空引込線の施設について次のように定めている．

① 電線は，次のいずれかのものであること．

(ⅰ) 引張強さ **8.01 kN** 以上のものまたは直径 **5 mm** 以上の硬銅線を使用する，高圧絶縁電線または特別高圧絶縁電線．

(ⅱ) **引下げ用高圧絶縁電線**

(ⅲ) ケーブル

② 電線が絶縁電線である場合は，がいし引き工事により施設すること．

③ 省略

④ 電線の高さは，低高圧絶縁電線の高さの規定に準じること．

ただし，次に適合する場合は，地表上 **3.5 m** 以上とすることができる．

(ⅰ) 次の場合以外の場合であること．

(ア) 道路を横断する場合

(イ) 鉄道または軌道を横断する場合

(ウ) 横断歩道橋の上に施設する場合

(ⅱ) 電線がケーブル以外のものであるときは，その電線の**下方**に危険である旨の表示をすること．

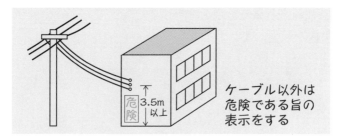

以上の説明から，正解は(2)となる．

次の事項を特に覚えよう．

① 高圧屋側電線路の施設

② 低圧架空引込線の施設

〔20〕屋側電線路，引込線および連接引込線の規制について知ろう

③ 低圧連接引込線の施設

④ 高圧架空引込線の施設

チャレンジ問題

さあ，最後の実力チェックです！

問1 次の文章は，「電気設備技術基準の解釈」における，低圧架空引込線の施設に関する記述の一部である．

a．電線は，ケーブルである場合を除き，引張強さ 2.30 kN 以上のものまたは直径 ［ア］ mm 以上の硬銅線であること．ただし，径間が ［イ］ m 以下の場合に限り，引張強さ 1.38 kN 以上のものまたは直径 2 mm 以上の硬銅線を使用することができる．

b．電線の高さは，次によること．

① 道路（歩行の用にのみ供される部分を除く）を横断する場合は，路面上 ［ウ］ m（技術上やむを得ない場合において交通に支障のないときは ［エ］ m）以上

② 鉄道または軌道を横断する場合は，レール面上 ［オ］ m 以上

上記の記述中の空白箇所(ア)，(イ)，(ウ)，(エ)および(オ)に当てはまる組合せとして，正しいのはどれか．

	(ア)	(イ)	(ウ)	(エ)	(オ)
(1)	2.30	20	5	4	5.5
(2)	2.00	15	4	3	5
(3)	2.30	15	5	4	6
(4)	2.60	15	5	3	5.5
(5)	2.60	20	4	3	5

問2 次の文章は，「電気設備技術基準の解釈」における，高圧屋側電線路を施設する場合の記述の一部である．

高圧屋側電線路は，次により施設すること．

a．［ア］ 場所に施設すること．

［20］屋側電線路，引込線および連接引込線の規制について知ろう

b. 電線は， (イ) であること．

c. (イ) には，接触防護措置を施すこと．

d. (イ) を造営材の側面または下面に沿って取り付ける場合は， (イ) の支持点間の距離を (ウ) m（垂直に取り付ける場合は， (エ) m）以下とし，かつ，その被覆を損傷しないように取り付けること．

上記の記述中の空白箇所(ア)，(イ)，(ウ)および(エ)に当てはまる組合せとして，正しいのは次のうちどれか．

	(ア)	(イ)	(ウ)	(エ)
(1)	点検できる隠蔽	ケーブル	1.5	5
(2)	展開した	ケーブル	2	6
(3)	展開した	絶縁電線	2.5	6
(4)	点検できる隠蔽	絶縁電線	1.5	4
(5)	展開した	ケーブル	2	10

問3 次の文章は，「電気設備技術基準の解釈」に基づく高圧架空引込線の施設に関する記述の一部である．

a 電線は，次のいずれかのものであること．

① 引張強さ 8.01 kN 以上のものまたは直径 (ア) mm 以上の硬銅線を使用する，高圧絶縁電線または特別高圧絶縁電線

② (イ) 用高圧絶縁電線

③ ケーブル

b 電線が絶縁電線である場合は，がいし引き工事により施設すること．

c 電線の高さは，「低高圧架空電線の高さ」の規定に準じること．ただし，次に適合する場合は，地表上 (ウ) m 以上とすることができる．

① 次の場合以外であること．

・道路を横断する場合

・鉄道または軌道を横断する場合

〔20〕屋側電線路，引込線および連接引込線の規制について知ろう

・横断歩道橋の上に施設する場合

② 電線がケーブル以外のものであるときは，その電線の ☐ (エ) に危険である旨の表示をすること．

上記の記述中の空白箇所(ア)，(イ)，(ウ)および(エ)に当てはまる組合せとして，正しいのは次のうちどれか．

	(ア)	(イ)	(ウ)	(エ)
(1)	5	引下げ	2.5	下方
(2)	4	引下げ	3.5	近傍
(3)	4	引上げ	2.5	近傍
(4)	5	引上げ	5	下方
(5)	5	引下げ	3.5	下方

法規 〔21〕 → 地中電線路の施設にはどんな規制があるの

次の文章は，「電気設備技術基準の解釈」に基づく地中電線路の施設に関する記述の一部である．

地中電線路を直接埋設式により施設する場合は，車両その他の重量物の圧力を受けるおそれがある場所においては　(ア)　m 以上，その他の場所においては　(イ)　m 以上であること．

上記の記述中の空白箇所(ア)および(イ)に当てはまる組合せとして，正しいのは次のうちどれか．

	(ア)	(イ)
(1)	1.0	0.5
(2)	1.0	0.6
(3)	1.2	0.5
(4)	1.2	0.6
(5)	1.5	0.6

電技第 30 条，第 47 条および電技解釈第 120 条では地中電線路の施設について，同第 125 条では地中電線と他の地中電線等との接近または交差について定めている．

詳しい解説

(1) 地中電線路の施設について知ろう

(a) 地中電線等による他の電線および工作物への危険の防止（電技第 30 条）

地中電線，屋側電線およびトンネル内電線その他の工作物に固定して施設する電線は，他の電線，弱電流電線等または管（他の電線等という．以下この条において同じ．）と接近し，または交さする場合には，故障時のアーク放電により他の電線等を損傷するおそれがないように施設しなければならない．ただし，感電または火災のおそれがない場

合であって，**他の電線等の管理者の承諾**を得た場合は，この限りでない．

(b) **地中電線路の保護**（電技第 47 条）

① 地中電線路は，車両その他の**重量物**による**圧力に耐え**，かつ，当該地中電線路を**埋設している旨**の表示等により**掘削工事**からの影響を受けないように施設しなければならない．

② 地中電線路のうちその内部で作業が可能なものには，**防火措置**を講じなければならない．

(c) **地中電線路の施設**（電技解釈第 120 条）

地中電線路は，**電線にケーブル**を使用し，かつ，**管路式**，**暗きょ式**または**直接埋設式**により施設すること．さらに，各方式の規制事項は第 1 表のとおりである．

(2) **地中電線と他の地中電線等との接近または交差**（電技解釈第 125 条）

低圧地中電線と高圧地中電線とが接近または交差する場合，または低圧もしくは高圧の地中電線と特別高圧地中電線とが接近または交差する場合は，次のいずれかにより施設すること．ただし，地中箱内についてはこの限りでない．

① 低圧地中電線と**高圧地中電線**との**離隔距離**が，**0.15 m 以上**であること．

② 低圧または高圧の地中電線と**特別高圧地中電線**との**離隔距離**が，**0.3 m 以上**であること．

③ 暗きょ内に施設し，**地中電線相互**の**離隔距離**が，**0.1 m 以上**であること（地中電線路の施設に規定する耐燃措置を施した使用電圧が 170 000 V 未満の地中電線の場合に限る．）．

④ 地中電線相互の間に堅ろうな**耐火性の隔壁**を設けること．

⑤ **いずれか**の地中電線が，次のいずれかに該当するものである場合は，地中電線相互の離隔距離が，0 m 以上であること．

(i) 不燃性の被覆を有すること．

(ii) 堅ろうな不燃性の管に収められていること．

第1表　地中電線路の規制事項の概要

項　目	管路式	暗きょ式	直接埋設式
重量物の圧力	• 電線を収める管は，これに加わる車両その他の重量物の圧力に耐えるものであること．	• 暗きょは，車両その他の重量物の圧力に耐えるものであること	• 地中電線の埋設深さは，車両その他の重量物の圧力を受けるおそれのある場所においては **1.2 m 以上**，その他の場所においては **0.6 m 以上**であること．
高圧または特別高圧の地中電線路の表示（需要場所に施設する高圧地中電線路で, 15 m 以下のものを除く.）	• **物件の名称，管理者名および電圧**（需要場所に施設する場合は，**物件の名称および管理者名を除く.**）を表示すること． • **おおむね 2 m の間隔で表示すること．**	─────	• **物件の名称，管理者名および電圧**（需要場所に施設する場合は，**物件の名称および管理者名を除く.**）を表示すること． • **おおむね 2 m の間隔で表示すること．**
防火措置	─────	• 次のいずれかにより**防火措置**を施すこと． イ　地中電線に**耐燃措置**を施すこと． ロ　暗きょ内に**自動消火設備**を施設すること．	─────

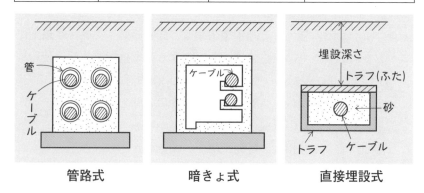

管路式　　　　　　暗きょ式　　　　　直接埋設式

〔21〕地中電線路の施設にはどんな規制があるの

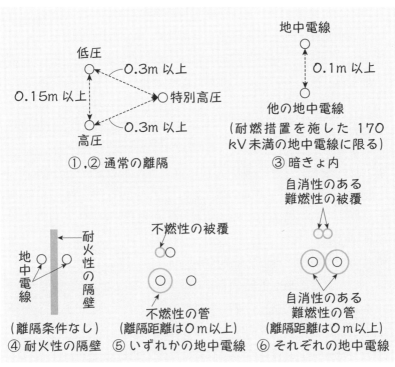

地中電線と他の地中電線との離隔（地中箱内を除く）

⑥　それぞれの地中電線が，次のいずれかに該当するものである場合は，地中電線相互の離隔距離が，0 m 以上であること.

(i)　自消性のある難燃性の被覆を有すること.

(ii)　堅ろうな自消性のある難燃性の管に収められていること.

以上の説明から，正解は(4)となる.

次の事項を特に覚えよう.

①　地中電線路の施設

②　地中電線相互の接近，交差

 チャレンジ問題

さあ，最後の実力チェックです！

問1　次の文章は，「電気設備技術基準の解釈」における地中電線

〔21〕地中電線路の施設にはどんな規制があるの

と他の地中電線等との接近または交差に関する記述の一部である.

　低圧地中電線と高圧地中電線とが接近または交差する場合，または低圧もしくは高圧の地中電線と特別高圧地中電線とが接近または交差する場合は，次の各号のいずれかによること. ただし，地中箱内についてはこの限りでない.

　　a　低圧地中電線と高圧地中電線との離隔距離が，　(ア)　m 以上であること.

　　b　低圧または高圧の地中電線と特別高圧地中電線との離隔距離が，　(イ)　m 以上であること.

　　c　暗きょ内に施設し，地中電線相互の離隔距離が，0.1 m 以上であること.

　　d　地中電線相互の間に堅ろうな　(ウ)　の隔壁を設けること.

　　e　いずれかの地中電線が，次のいずれかに該当するものである場合は，地中電線相互の離隔距離が，　(エ)　m 以上であること.

　　　①　不燃性の被覆を有すること.

　　　②　堅ろうな不燃性の管に収められていること.

　　f　それぞれの地中電線が，次のいずれかに該当するものである場合は，地中電線相互の離隔距離が，　(エ)　m 以上であること.

　　　①　自消性のある難燃性の被覆を有すること.

　　　②　堅ろうな自消性のある難燃性の管に収められていること.

　上記の記述中の空白箇所(ア)，(イ)，(ウ)および(エ)に当てはまる組合せとして，正しいのは次のうちどれか.

	(ア)	(イ)	(ウ)	(エ)
(1)	0.15	0.3	耐火性	0.1
(2)	0.15	0.3	耐火性	0
(3)	0.1	0.2	耐圧性	0.1
(4)	0.1	0.2	耐圧性	0
(5)	0.1	0.3	耐火性	0.1

〔21〕地中電線路の施設にはどんな規制があるの

問2 「電気設備技術基準の解釈」に基づく地中電線路の施設に関する工事例として，不適切なものは次のうちどれか．

(1) 電線にケーブルを使用し，かつ，暗きょ式により地中電線路を施設した．

(2) 地中電線路を管路式により施設し，電線を収める管には，これに加わる車両その他の重量物の圧力に耐える管を使用した．

(3) 地中電線路を暗きょ式により施設し，地中電線に耐燃措置を施した．

(4) 地中電線路を直接埋設式により施設し，衝撃から防護するため，地中電線を堅ろうなトラフ内に収めた．

(5) 高圧地中電線路を公道の下に管路式により埋設し，埋設表示は，物件の名称，管理者名および電圧を，10mの間隔で表示した．

問3 次の文章は，「電気設備技術基準の解釈」における，地中電線路の施設に関する記述の一部である．

a．地中電線路を暗きょ式により施設する場合は，暗きょにはこれに加わる車両その他の重量物の圧力に耐えるものを使用し，かつ，地中電線に □(ア)□ を施し，または暗きょ内に □(イ)□ を施設すること．

b．地中電線路を直接埋設式により施設する場合は，地中電線の埋設深さは，車両その他の重量物の圧力を受けるおそれがある場所においては □(ウ)□ 以上，その他の場所においては □(エ)□ 以上であること．ただし，使用するケーブルの種類，施設条件等を考慮し，これに加わる圧力に耐えるよう施設する場合はこの限りでない．

上記の記述中の空白箇所(ア)，(イ)，(ウ)および(エ)に当てはまる組合せとして，正しいのは次のうちどれか．

	(ア)	(イ)	(ウ)	(エ)
(1)	堅ろうな覆い	換気装置	0.6m	0.3m
(2)	耐燃措置	換気装置	1.2m	0.6m
(3)	耐熱措置	換気装置	1.2m	0.3m
(4)	耐燃措置	自動消火設備	1.2m	0.6m
(5)	堅ろうな覆い	自動消火設備	0.6m	0.3m

〔21〕地中電線路の施設にはどんな規制があるの

問 4　次の文章は，「電気設備技術基準」における（地中電線等による他の電線および工作物への危険の防止）および（地中電線路の保護）に関する記述である．

a　地中電線，屋側電線およびトンネル内電線その他の工作物に固定して施設する電線は，他の電線，弱電流電線等または管（以下，「他の電線等」という．）と　(ア)　し，または交さする場合には，故障時の　(イ)　により他の電線等を損傷するおそれがないように施設しなければならない．ただし，感電または火災のおそれがない場合であって，　(ウ)　場合は，この限りでない．

b　地中電線路は，車両その他の重量物による圧力に耐え，かつ，当該地中電線路を埋設している旨の表示等により掘削工事からの影響を受けないように施設しなければならない．

c　地中電線路のうちその内部で作業が可能なものには，　(エ)　を講じなければならない．

上記の記述中の空白箇所(ア)，(イ)，(ウ)および(エ)に当てはまる組合せとして，正しいのは次のうちどれか．

	(ア)	(イ)	(ウ)	(エ)
(1)	接触	短絡電流	取扱者以外の者が容易に触れることがない	防火措置
(2)	接近	アーク放電	他の電線等の管理者の承諾を得た	防火措置
(3)	接近	アーク放電	他の電線等の管理者の承諾を得た	感電防止措置
(4)	接触	短絡電流	他の電線等の管理者の承諾を得た	防火措置
(5)	接近	短絡電流	取扱者以外の者が容易に触れることがない	感電防止措置

---

〔21〕地中電線路の施設にはどんな規制があるの

法規 〔22〕 →　電気使用場所の施設と屋内電路に対する規制を知ろう

やさしい問題

次の文章は，「電気設備技術基準」に基づく配線の感電または火災の防止に関する記述である．

1.　配線は，施設場所の状況および $\boxed{(ア)}$ に応じ，感電または $\boxed{(イ)}$ のおそれがないように施設しなければならない．

2.　移動電線を電気機械器具と接続する場合は，接続不良による感電または $\boxed{(イ)}$ のおそれがないように施設しなければならない．

3.　$\boxed{(ウ)}$ の移動電線は，上記の 1 および 2 の規定にかかわらず，施設してはならない．

上記の記述中の空白箇所(ア)，(イ)および(ウ)に当てはまる組合せとして，正しいは次のうちどれか．

	(ア)	(イ)	(ウ)
(1)	環境	損傷	高圧または特別高圧
(2)	環境	事故	特別高圧
(3)	電圧	火災	特別高圧
(4)	電圧	事故	高圧または特別高圧
(5)	電流	火災	特別高圧

要点

電技第 56 条では配線の感電または火災の防止について，同第 57 条では裸電線の制限について，同第 59 条では機械器具の感電・火災の防止について，同第 61 条では非常用予備電源の施設について，同第 62 条では配線による危険の防止について，同第 65 条および電技解釈第 153 条では電動機の過負荷保護装置の施設について，電技解釈第 143 条では屋内電路の対地電圧の制限について定めている．

詳しい解説

(1) 電気使用場所の施設について知ろう

(a) 配線の感電または火災の防止（電技第56条）

① 配線は，施設場所の**状況**および**電圧**に応じ，**感電**または**火災の**おそれがないように施設しなければならない．

② 移動電線を電気機械器具と接続する場合は，**接続不良**による**感電**または**火災**のおそれがないように施設しなければならない．

③ **特別高圧**の移動電線は施設してはならない．

(b) 配線の使用電線（電技第57条）

〔6〕「配線の使用電線と接続上の規制について知ろう」を参照．

(c) 低圧の電路の絶縁性能（電技第58条）

〔7〕「電路の絶縁抵抗を知ろう」を参照．

(d) 電気機械器具の感電，火災等の防止（電技第59条）

電気使用場所に施設する電気機械器具は，**充電部の露出**がなく，かつ，**人体に危害**を及ぼし，または**火災**が発生するおそれがある発熱がないように施設しなければならない．

(e) 非常用予備電源の施設（電技第61条）

常用電源の**停電時**に使用する非常用予備電源（**需要場所に施設する**ものに限る）は，需要場所以外の場所に施設する電路であって，**常用電源側**のものと**電気的に接続しない**ように施設しなければならない．

(f) 配線による他の配線等または工作物への危険の防止（電技第62条）

① 配線は，他の配線，弱電流電線等と接近し，または**交さ**する場合は，**混触**による感電または火災のおそれがないように施設しなければならない．

② 配線は，水道管，ガス管またはこれらに類するものと接近し，または交さする場合は，**放電**によりこれらの工作物を損傷するおそれがなく，かつ，**漏電**または**放電**によりこれらの工作物を介して感電または火災のおそれがないように施設しなければならない．

---

〔22〕電気使用場所の施設と屋内電路に対する規制を知ろう

148

⒢ 過電流からの低圧幹線等の保護措置（電技第 63 条）

〔23〕「低圧幹線および分岐回路の施設にはどんな規制があるの」を参照.

⑵ 電路の対地電圧の制限について知ろう

電技解釈第 143 条では，**住宅の屋内電路**（電気機械器具内の電路を除く.）**の対地電圧は，150 V 以下**と定めている．ただし，定格消費電力が **2 kW 以上**の電気機械器具およびこれに電気を供給する屋内配線を次により施設する場合は，この限りでない.

① 屋内配線は，当該電気機械器具のみに電気を供給するものであること.

② 電気機械器具の使用電圧およびこれに電気を供給する屋内配線の対地電圧は，**300 V 以下**であること.

③ 屋内配線には，簡易接触防護措置を施すこと.

④ 電気機械器具には，簡易接触防護措置を施すこと.

⑤ 電気機械器具は，屋内配線と**直接接続**して施設すること.

⑥ 電気機械器具に電気を供給する電路には，専用の**開閉器**および**過電流遮断器**を施設すること．ただし，過電流遮断器が開閉機能を有するものである場合は，過電流遮断器のみとすることができ

〔22〕電気使用場所の施設と屋内電路に対する規制を知ろう

る.

⑦　電気機械器具に電気を供給する電路には，電路に**地絡**が生じた
ときに自動的に電路を遮断する装置を施設すること.

(3)　電動機の過負荷保護装置について知ろう

(a)　電動機の過負荷保護（電技第65条）

　屋内に施設する電動機（**出力が 0.2 kW 以下**のものを除く）には，
過電流による当該電動機の焼損により火災が発生するおそれがないよ
う，**過電流遮断器**の施設その他の適切な措置を講じなければならない.
ただし，電動機の**構造上**または**負荷の性質上**，電動機を焼損するおそ
れがある**過電流**が生ずるおそれがない場合は，この限りではない.

(b)　電動機の過負荷保護装置の施設（電技解釈第153条）

　電技解釈第153条では，電動機の過負荷保護装置の施設について次
のように定めている.

　・屋内に施設する電動機には，電動機が焼損するおそれがある**過電
流**を生じた場合に**自動的**にこれを阻止し，またはこれを**警報する
装置**を設けること.　ただし，次のいずれかに該当する場合はこの
限りでない.

　(i)　電動機を運転中，常時**取扱者**が監視できる位置に施設する場
合.

　(ii)　電動機の構造上または負荷の性質上，その電動機の巻線に当
該電動機を焼損する過電流を生じるおそれがない場合.

　(iii)　電動機が単相のものであって，その電源側電路に施設する過
電流遮断器の定格電流が15A（**配線用遮断器**にあっては **20 A**）
以下の場合.

　(iv)　電動機の出力が0.2kW以下の場合.

　以上の説明から，正解は(3)となる.

　　　　　　　　　次の事項を特に覚えよう.
　　　　　　　　　①　屋内電路の対地電圧
　　　　　　　　　②　電動機の過負荷保護装置（規制を受ける電動機容
量）

チャレンジ問題

さあ，最後の実力チェックです！

問1 次の文章は，「電気設備技術基準の解釈」に基づく屋内電路の対地電圧の制限に関する記述の一部である．

住宅の屋内電路（電気機械器具内の電路を除く．）の対地電圧は150V以下とすることが規定されているが，定格消費電力が2kW以上の電気機械器具およびこれに電気を供給するための屋内配線を次により施設する場合，対地電圧を300V以下とすることができる．

（一）　使用電圧は，　☐（ア）☐V以下であること．

（二）　電気機械器具に電気を供給する電路には，専用の　☐（イ）☐　および過電流遮断器を施設すること．

（三）　電気機械器具に電気を供給する電路には，電路に　☐（ウ）☐　を生じたときに自動的に電路を遮断する装置を施設すること．

上記の記述中の空白箇所(ア),(イ)および(ウ)に当てはまる組合せとして，正しいのは次のうちどれか．

	(ア)	(イ)	(ウ)
(1)	300	開閉器	地絡
(2)	300	断路器	短絡
(3)	450	避雷器	異常
(4)	450	開閉器	地絡
(5)	600	断路器	短絡

問2 次の文章は，「電気設備技術基準」および「電気設備技術基準の解釈」に基づく電動機の過負荷保護に関する記述である．

屋内に施設する電動機には，電動機が焼損するおそれがある過電流を生じた場合に自動的にこれを阻止し，またはこれを警報する装置を設けること．ただし，次のいずれかに該当する場合は，この限りでない．

上記の記述中のただし書に該当する場合として，誤っているのは次のうちどれか．

---

〔22〕電気使用場所の施設と屋内電路に対する規制を知ろう

(1) 電動機の出力が0.2kW以下の場合.

(2) 電動機の構造上または電動機の負荷の性質上電動機の巻線に電動機を焼損するおそれがある過電流が生じるおそれがない場合.

(3) 電動機が単相のものであって，その電源側電路に施設する過電流遮断器の定格電流が15A（配線用遮断器にあっては20A）以下の場合.

(4) 電動機を運転中,常時取扱者が監視できる位置に施設する場合.

(5) 電動機の運転状況を自動的に記録する装置を設けている場合.

法規〔23〕 → 低圧幹線および分岐回路の施設にはどんな規制があるの

やさしい問題

　次の文章は,「電気設備技術基準」に基づく過電流からの低圧幹線等保護措置に関する記述である.

　低圧の幹線,低圧の幹線から分岐して電気機械器具に至る低圧の電路および引込口から低圧の幹線を経ないで電気機械器具に至る低圧の電路には,適切な箇所に ｜ (ア) ｜ を施設するとともに,｜ (イ) ｜ が生じた場合に当該幹線等を保護できるよう,｜ (イ) ｜遮断器を施設しなければならない.ただし,当該幹線等における ｜ (ウ) ｜ により ｜ (イ) ｜ が生じるおそれがない場合は,この限りでない.

　上記の記述中の空白箇所(ア),(イ)および(ウ)に当てはまる組合せとして,正しいのは次のうちどれか.

	(ア)	(イ)	(ウ)
(1)	開閉器	過電流	短絡事故
(2)	漏電遮断器	過電流	短絡事故
(3)	開閉器	漏電	過負荷
(4)	漏電遮断器	過電流	過負荷
(5)	開閉器	漏電	地絡事故

要点

　低圧配線は,幹線の部分と幹線から分岐して負荷に至る分岐回路の部分に大別され,それぞれ電技第 63 条,電技解釈第 148 条および同第 149 条により施設上の規制がなされている.

詳しい解説

(1) 低圧幹線の施設について知ろう

(a) 過電流からの低圧幹線等の保護措置(電技第 63 条)

① 低圧の幹線,低圧の幹線から分岐して電気機械器具に至る低圧

の電路および**引込口**から低圧の幹線を経ないで電気機械器具に至る低圧の電路には，適切な箇所に**開閉器**を施設するとともに，**過電流**が生じた場合に当該幹線等を保護できるよう，**過電流遮断器を施設**しなければならない．ただし，当該幹線等における**短絡事故**により**過電流**が生じるおそれがない場合は，この限りではない．

② 交通信号灯，**出退表示灯**その他のその損傷により公共の安全の確保に支障を及ぼすおそれがあるものに電気を供給する電路には，過電流による過熱焼損からそれらの電線および電気機械器具を保護できるよう，**過電流遮断器を施設**しなければならない．

(b) 低圧幹線の施設（電技解釈第 148 条）

電技解釈第148条では，低圧幹線の施設について次のように定めている．

① **損傷を受けるおそれがない場所に施設する**こと．

② **電線の許容電流は**，低圧幹線の各部分ごとに，その部分を通じて供給される電気使用機械器具の**定格電流の合計値以上である**こと．ただし，当該低圧幹線に接続する負荷のうち，電動機またはこれに類する起動電流が大きい電気機械器具（電動機等という．）**の定格電流の合計が他の電気使用機械器具の定格電流の合計より大きい場合**は次のとおりとする．

(i) **電動機等の定格電流の合計が 50 A 以下の場合**．

幹線の許容電流 ≧ 1.25×（電動機等の定格電流の合計）

+（他の電気使用機械器具の定格電流の合計）

(ii) **電動機等の定格電流の合計が 50 A を超える場合**．

幹線の許容電流 ≧ 1.1×（電動機等の定格電流の合計）

+（他の電気使用機械器具の定格電流の合計）

以上の関係を整理すると，

幹線の許容電流

・$I_M \leqq I_L$ のとき

$$I \geqq I_M + I_L$$

・$I_M > I_L$ で，$I_M \leqq 50\,A$ のとき

$$I \geqq 1.25I_M + I_L$$

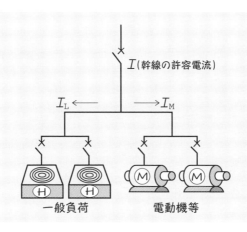

・$I_M > I_L$ で，$I_M > 50\,\mathrm{A}$ のとき

$$I \geqq 1.1 I_M + I_L$$

③　省略

④　低圧幹線の電源側電路には，当該低圧幹線を保護する**過電流遮断器を施設すること**．ただし，次のいずれかに該当する場合は，**過電流遮断器を省略できる**．

(i)　低圧幹線の許容電流が，当該低圧幹線の電源側に接続する他の低圧幹線を保護する過電流遮断器の定格電流の**55 ％以上**である

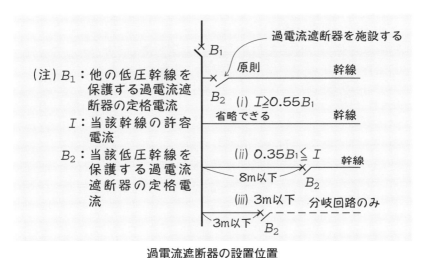

(注) B_1：他の低圧幹線を保護する過電流遮断器の定格電流
I：当該幹線の許容電流
B_2：当該低圧幹線を保護する過電流遮断器の定格電流

過電流遮断器を施設する
B_1
原則　　　　　幹線
B_2　(i) $I \geqq 0.55 B_1$
省略できる　　幹線

(ii) $0.35 B_1 \leqq I$　幹線
8m以下　　B_2

(iii) 3m以下　分岐回路のみ
3m以下　B_2

過電流遮断器の設置位置

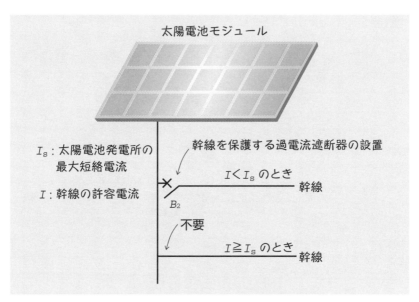

太陽電池モジュール

I_s : 太陽電池発電所の
    最大短絡電流

I : 幹線の許容電流

幹線を保護する過電流遮断器の設置

B_2

$I < I_s$ のとき 幹線

不要

$I \geqq I_s$ のとき 幹線

太陽電池発電所の過電流遮断器

場合.

(ii) **長さ 8 m 以下の低圧幹線**であって，当該低圧幹線の許容電流が当該低圧幹線の電源側に接続する他の低圧**幹線を保護する過電流遮断器の定格電流の 35 %以上**である場合.

(iii) **長さ 3 m 以下の低圧幹線**であって，当該低圧幹線の負荷側に他の低圧幹線を接続しない場合.

(iv) 低圧幹線に電気を供給する電源が太陽電池のみであって，当該低圧幹線の許容電流が，当該低圧幹線を通過する最大短絡電流以上である場合.

以上の関係を整理すると前図のようになる.

⑤ ④の規定における「当該低圧幹線を保護する過電流遮断器」は，その定格電流が，当該低圧幹線の許容電流以下のものであること. ただし，低圧幹線に電動機等が接続される場合の定格電流は，次のいずれかによることができる.

（i） 電動機等の定格電流の合計の**3 倍**に，他の電気使用機械器具の定格電流の合計を加えた値以下であること.

(ii) (i)の規定による値が当該低圧幹線の許容電流を **2.5 倍** した値を超える場合は，その許容電流を **2.5 倍** した値以下であること.

(iii) 当該低圧幹線の許容電流が 100 A を超える場合であって，(i)または(ii)の規定による値が過電流遮断器の標準定格に該当しないときは，(i)または(ii)の規定による値の**直近上位**の標準定格であること.

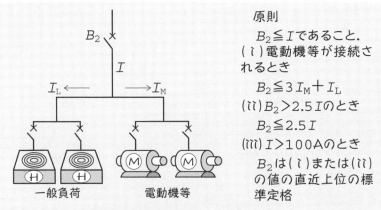

原則

$B_2 \leqq I$ であること.

(i)電動機等が接続されるとき

$B_2 \leqq 3 I_M + I_L$

(ii) $B_2 > 2.5 I$ のとき

$B_2 \leqq 2.5 I$

(iii) $I > 100A$ のとき

B_2 は(i)または(ii)の値の直近上位の標準定格

一般負荷　　　電動機等

(注) B_2 : 当該低圧幹線を保護する過電流遮断器の定格電流
　　　I : 当該幹線の許容電流

当該低圧幹線を保護する過電流遮断器の定格電流

「産業保安監督部の立入検査」

幹線は傷つかない場所に移しなさい

幹線

〔23〕低圧幹線および分岐回路の施設にはどんな規制があるの

⑵　電動機等のみに至る低圧分岐回路について知ろう（電技解釈第149条）

①　分岐回路の**過電流遮断器の定格電流**は，その過電流遮断器に直接接続する**負荷側の電線の許容電流を 2.5 倍した値以下であること.**

②　電線の許容電流は，電動機等の定格電流の合計を 1.25 倍（定格電流の合計が 50 A を超える場合は，1.1 倍）した値以上であること.

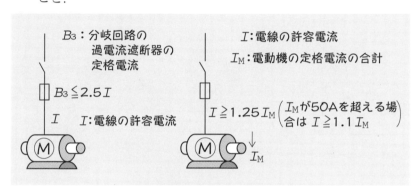

分岐回路の電動機用電路の施設

以上の説明から，正解は⑴となる.

次の事項を特に覚えよう.

①　低圧幹線等の保護措置

②　低圧幹線の許容電流

③　幹線を保護する過電流遮断器の設置位置と定格

④　電動機に至る低圧分岐回路の施設

チャレンジ問題

さあ，最後の実力チェックです！

問1　次の文章は，「電気設備技術基準の解釈」に基づく低圧幹線の施設に関する記述の一部である.

低圧幹線は，次により施設すること.

㈠　電線の許容電流は，低圧幹線の各部分ごとに，その部分を通じ

〔23〕低圧幹線および分岐回路の施設にはどんな規制があるの

て供給される電気使用機械器具の ☐(ア)☐ の合計値以上であること.

㈢ 当該低圧幹線を保護する過電流遮断器は，その ☐(イ)☐ が当該
低圧幹線の ☐(ウ)☐ 以下のものであること.

上記の記述中の空白箇所(ア),(イ)および(ウ)に当てはまる組合せとして，
正しいのは次のうちどれか.

	(ア)	(イ)	(ウ)
(1)	定格電流	定格電流	許容電流
(2)	最大電流	平均電流	遮断電流
(3)	平均電流	定格電流	遮断電流
(4)	負荷電流	最大電流	定格電流
(5)	定格電流	許容電流	最大電流

問2 定格電流60 Aの電動機および定格電流の合計が40 Aの照明
器具に電気を供給する低圧幹線を「電気設備技術基準の解釈」に基づ
き施設する場合，何アンペア以上の許容電流のある電線を使用しなけ
ればならないか. 正しい値を次のうちから選べ.

(1) 100   (2) 106   (3) 110   (4) 116   (5) 125

問3 次の文章は，「電気設備技術基準の解釈」に基づき，電源供
給用低圧幹線に電動機が接続される場合の過電流遮断器の定格電流お
よび電動機の過負荷と短絡電流の保護協調に関する記述である.

1. 低圧幹線を保護する過電流遮断器の定格電流は，次のいずれか
によることができる.

ａ. その幹線に接続される電動機の定格電流の合計の ☐(ア)☐ 倍に，
他の電気使用機械器具の定格電流の合計を加えた値以下であるこ
と.

ｂ. 上記ａの値が当該低圧幹線の許容電流を ☐(イ)☐ 倍した値を超
える場合は，その許容電流を ☐(イ)☐ 倍した値以下であること.

ｃ. 当該低圧幹線の許容電流が100 Aを超える場合であって，上記

aまたはbの規定による値が過電流遮断器の標準定格に該当しな
　いときは，上記aまたはbの規定による値の　(ウ)　の標準定格
　であること.

　2．図は，電動機を電動機保護用遮断器（MCCB）と熱動継電器（サー
マルリレー）付電磁開閉器を組み合わせて保護する場合の保護協調曲
線の一例である. 図中　(エ)　は電源配線の電線許容電流時間特性を
表す曲線である.

　上記の記述中の空白箇所(ア)，(イ)，(ウ)および(エ)に当てはまる組合せと
して，正しいのは次のうちどれか.

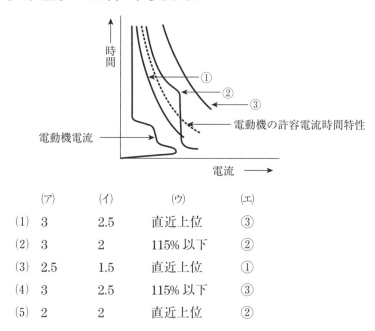

	(ア)	(イ)	(ウ)	(エ)
(1)	3	2.5	直近上位	③
(2)	3	2	115% 以下	②
(3)	2.5	1.5	直近上位	①
(4)	3	2.5	115% 以下	③
(5)	2	2	直近上位	②

問4　次の文章は，「電気設備技術基準の解釈」における低圧幹線
の施設に関する記述の一部である.

　低圧幹線の電源側電路には，当該低圧幹線を保護する過電流遮断器
を施設すること. ただし，次のいずれかに該当する場合は，この限り
でない.

a　低圧幹線の許容電流が，当該低圧幹線の電源側に接続する他の

〔23〕低圧幹線および分岐回路の施設にはどんな規制があるの

低圧幹線を保護する過電流遮断器の定格電流の55％以上である場合

b　過電流遮断器に直接接続する低圧幹線または上記aに掲げる低圧幹線に接続する長さ　(ア)　m以下の低圧幹線であって，当該低圧幹線の許容電流が，当該低圧幹線の電源側に接続する他の低圧幹線を保護する過電流遮断器の定格電流の35％以上である場合

c　過電流遮断器に直接接続する低圧幹線または上記aもしくは上記bに掲げる低圧幹線に接続する長さ　(イ)　m以下の低圧幹線であって，当該低圧幹線の負荷側に他の低圧幹線を接続しない場合

d　低圧幹線に電気を供給する電源が　(ウ)　のみであって，当該低圧幹線の許容電流が，当該低圧幹線を通過する　エ　電流以上である場合

上記の記述中の空白箇所(ア)，(イ)，(ウ)および(エ)に当てはまる組合せとして，正しいのは次のうちどれか．

	(ア)	(イ)	(ウ)	(エ)
(1)	10	5	太陽電池	最大短絡
(2)	8	5	太陽電池	定格出力
(3)	10	5	燃料電池	定格出力
(4)	8	3	太陽電池	最大短絡
(5)	8	3	燃料電池	定格出力

法 規 〔24〕 低圧および高圧屋内配線工事の種類と規制について知ろう

やさしい問題

　　次の文章は，「電気設備技術基準の解釈」に基づく低圧屋内配線の施設場所による工事の種類に関する記述である.

　使用電圧が300Vを超える低圧屋内配線を施設する場合，施設してはならない工事は，次のうちどれか.

　(1)　合成樹脂管工事　　　　(2)　金属管工事

　(3)　金属可とう電線管工事　(4)　セルラダクト工事

　(5)　ケーブル工事

要点

　　低圧屋内配線工事は，次の12種類があり，それぞれの施工方法については，電技解釈第157条から同第165条までに定められている.

工事の種類と特徴

工事の種類			工事の特徴
名　称		概　要	
電線管工事	合成樹脂管工事		絶縁電線を合成樹脂管，金属管，金属可とう電線管に収めて，電線を外傷や人の接触から防ぐ工事方法.
	金属管工事		
	金属可とう電線管工事		
ケーブル工事			電線にキャブタイヤケーブルまたはケーブルを使用し，造営材に電線を直接取り付けることができる工事方法.

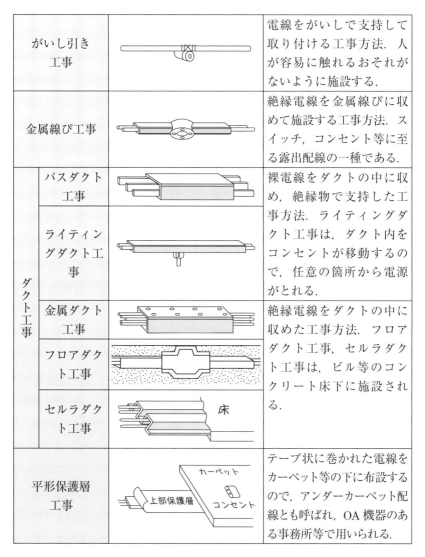

がいし引き工事		電線をがいしで支持して取り付ける工事方法．人が容易に触れるおそれがないように施設する．
金属線ぴ工事		絶縁電線を金属線ぴに収めて施設する工事方法．スイッチ，コンセント等に至る露出配線の一種である．
ダクト工事	バスダクト工事	裸電線をダクトの中に収め，絶縁物で支持した工事方法．ライティングダクト工事は，ダクト内をコンセントが移動するので，任意の箇所から電源がとれる．
	ライティングダクト工事	
	金属ダクト工事	絶縁電線をダクトの中に収めた工事方法．フロアダクト工事，セルラダクト工事は，ビル等のコンクリート床下に施設される．
	フロアダクト工事	
	セルラダクト工事	
平形保護層工事		テープ状に巻かれた電線をカーペット等の下に布設するので，アンダーカーペット配線とも呼ばれ，OA機器のある事務所等で用いられる．

また，高圧屋内配線等の施設については，電技解釈第168条に定められている．

詳しい解説 (1) 低圧屋内配線工事の種類と適用について知ろう

電技解釈第156条では，低圧屋内配線工事の種類と適用について，次表のように定めている．

〔24〕低圧および高圧屋内配線工事の種類と規制について知ろう

163

使用電圧の区分 施設場所の区分		300 V 以下のもの	300 V を超えるもの
展開した場所	乾燥した場所	がいし引き工事，金属線ぴ工事，金属ダクト工事，バスダクト工事またはライティングダクト工事	がいし引き工事，金属ダクト工事またはバスダクト工事
	その他の場所	がいし引き工事，バスダクト工事	がいし引き工事
点検できる隠ぺい場所	乾燥した場所	がいし引き工事，金属線ぴ工事，金属ダクト工事，バスダクト工事，セルラダクト工事，ライティングダクト工事または平形保護層工事	がいし引き工事，金属ダクト工事またはバスダクト工事
	その他の場所	がいし引き工事	がいし引き工事
点検できない隠ぺい場所	乾燥した場所	フロアダクト工事またはセルラダクト工事	——
施設場所に制限なし		合成樹脂管工事，金属管工事，金属可とう電線管工事，ケーブル工事	

　ここで，点検できる隠ぺい場所とは，容易に電気工作物に接近または全部の電気工作物を監視できる場所のことで，例えば，点検口を有する天井裏，戸棚，押入れ等をいう.

　(a)　がいし引き工事の施設方法について知ろう

　電技解釈第 157 条では，次のように定めている.

電線	離隔距離	電線支持点間距離
絶縁電線 (OW，DV，DE 線を除く)	電線相互間……**6 cm 以上** 電線と造営材間 　300V 以下……**2.5 cm 以上** 　300 V 超過……**4.5 cm 以上**	原則として， **2 m 以下**

　(注)　OW 線…屋外用ビニル絶縁電線
　　　　DV 線…引込用ビニル絶縁電線
　　　　DE 線…引込用ポリエチレン絶縁電線

(b) 金属線ぴ工事の施設方法について知ろう

電技解釈第161条では，金属線ぴ工事について次のように定めている．

工事の種類	電線	線ぴ内	線ぴの幅等
金属線ぴ工事	絶縁電線（OW線を除く）	原則として，電線に接続点を設けないこと．	銅製等の線ぴにあっては，幅が5cm以下，厚さが0.5mm以上

(c) 管工事の施設方法について知ろう

電技解釈第158条では合成樹脂管工事について，同第159条では金属管工事について，同第160条では金属可とう電線管工事について次のように定めている．

工事の種類	電線	管内	その他
合成樹脂管工事	絶縁電線（OW線を除く）．より線または直径3.2mm以下の単線であること．	電線に接続点を設けないこと．	合成樹脂管の支持点間の距離は，**1.5m以下**
金属管工事			管には，使用電圧が**300V**以下の場合は**D種接地工事**を，**300V**を超える場合は**C種接地工事**を施すこと．
金属可とう電線管工事			

(d) ダクト工事の施設方法について知ろう

電技解釈第162条では金属ダクト工事について，同第163条ではバスダクト工事について，同第165条ではフロアダクト工事およびライティングダクト工事について次のように定めている．

工事の種類	電線	ダクト内	ダクトの支持点間の距離	その他
金属ダクト工事	絶縁電線（OW線を除く）	原則として，電線に接続点を設けないこと．	原則として，**3m以下**	ダクト内の電線の断面積の総和は，原則として，ダクトの内部断面積の20%以下
フロアダクト工事			———	省略

工事の種類	ダクトの支持点間の距離	ダクトの施工法
バスダクト工事	原則として，3 m 以下.	・ダクト相互および電線相互は，堅ろうに，かつ，電気的に完全に接続すること. ・ダクトは造営材に堅ろうに取り付けること. ・ダクトの終端部は，閉そくすること.
ライティングダクト工事	2 m 以下	ライティングダクト工事の場合は，上記の他に， ・ダクトの開口部は，下に向けて施設すること. ・ダクトは造営材を貫通して施設しないこと. ・電路には，当該電路に地絡を生じたときに自動的に電路を遮断する装置を施設すること.

(e) ケーブル工事の施設方法について知ろう

電技解釈第164条では，ケーブル工事を次のように定めている.

電線	電線の支持点間の距離	その他
ケーブル，キャブタイヤケーブル等	原則として，2 m 以下.キャブタイヤケーブルは，1 m 以下.	・重量物の圧力を受ける場所では，適当な防護装置を設けること. ・コンクリートに直接埋め込んで施設する場合は，電線にMIケーブルまたはコンクリート直埋用ケーブル等を用いる.

(2) 高圧屋内配線等の施設について知ろう

電技解釈第168条では，高圧屋内配線等の施設について次のように定めている.

① 高圧屋内配線は，次に掲げる工事のいずれかにより施設すること.

(i) がいし引き工事（乾燥した場所であって展開した場所に限る.）

(ii) ケーブル工事

② がいし引き工事による高圧屋内配線は，次によること.

(i) 接触防護措置を施すこと.

(ii) 電線は，**直径 2.6 mm の軟銅線**と同等以上の強さおよび太さの高圧絶縁電線もしくは特別高圧絶縁電線または引下げ用高圧絶縁電線であること．

(iii) 電線の**支持点間の距離は，6 m 以下**であること．ただし，電線**を造営材の面に沿って取り付ける場合は，2 m 以下**とすること．

(iv) **電線相互の間隔は 8 cm 以上**，電線と造営材との離隔距離は 5 cm 以上であること．

③ **ケーブル工事**による高圧屋内配線は，電線にケーブルを使用し，管その他のケーブルを収める防護装置の金属製部分，金属製の電線接続箱およびケーブルの被覆に使用する金属体には，**A 種接地工事**を施すこと．ただし，**接触防護措置を施す場合は，D 種接地工事**によることができる．

④ 高圧屋内配線が他の高圧屋内配線，低圧屋内電線，管灯回路の配線，弱電流電線等または水管，ガス管等と接近，交差する場合の**離隔距離は 15 cm 以上**であること．

(3) 特殊場所における施設制限について知ろう

電技第 68 条では粉じんの多い場所について，電技第 69 条では可燃性ガス等の存在する場所での施設制限について，次のように定めている．

(a) 粉じんの多い場所の施設（電技第 68 条）

粉じんの多い場所に施設する電気設備は，粉じんによる当該電気設備の**絶縁性能**または**導電性能**が劣化することに伴う**感電**または**火災**のおそれがないように施設しなければならない．

(b) 可燃性のガス等の存在する場所における施設制限（電技第 69 条）

次に掲げる場所に施設する電気設備は，**通常の使用状態**において，当該電気設備が点火源となる**爆発**または**火災**のおそれがないように施設しなければならない．

① 可燃性のガスまたは**引火性物質の蒸気**が存在し，点火源の存在により爆発するおそれがある場所

② **粉じんが存在し**，点火源の存在により爆発するおそれがある場所

③ **火薬類が存在する場所**

④　セルロイド，マッチ，**石油類**その他の燃えやすい危険な物質を**製造**し，または**貯蔵**する場所

以上の説明から，正解は(4)となる.

次の事項を特に覚えよう.

①　施設場所に制限のない低圧屋内配線工事

②　各種低圧屋内配線工事の施設方法

③　高圧屋内配線の施設

④　特殊場所における施設制限

チャレンジ問題

さあ，最後の実力チェックです！

問1　次の文章は，「電気設備技術基準」に基づく可燃性のガス等により爆発する危険のある場所における施設に関する記述である.

次に掲げる場所に施設する電気設備は，通常の使用状態において，当該電気設備が点火源となる爆発または火災のおそれがないように施設しなければならない.

1. 可燃性のガスまたは引火性物質の　(ア)　が存在し，点火源の存在により爆発するおそれがある場所

2. 　(イ)　が存在し，点火源の存在により爆発するおそれがある場所

3. 　(ウ)　が存在する場所

4. セルロイド，マッチ，石油類その他の燃えやすい危険な物質を製造し，または　(エ)　する場所

上記の記述中の空白箇所(ア)，(イ)，(ウ)および(エ)に当てはまる組合せとして，正しいのは次のうちどれか.

	(ア)	(イ)	(ウ)	(エ)
(1)	液体	粉じん	火薬類	使用
(2)	蒸気	可燃物	薬品類	貯蔵
(3)	液体	可燃物	火薬類	使用
(4)	蒸気	粉じん	火薬類	貯蔵
(5)	蒸気	可燃物	薬品類	使用

〔24〕低圧および高圧屋内配線工事の種類と規制について知ろう

問 2 「電気設備技術基準の解釈」に基づく合成樹脂管工事による低圧屋内配線に関する記述として，施工方法として誤っているのは次のうちどれか.

(1) 電線に絶縁電線（屋外用ビニル絶縁電線を除く.）を使用した.

(2) 合成樹脂管内で，電線に接続点を設けなかった.

(3) 電線に直径 3.2 mm の単線を使用した.

(4) 合成樹脂管を 2 m ごとに支持した.

(5) CD 管を専用の水道用亜鉛めっき鋼管に収めて施設した.

問 3 次の文章は，「電気設備技術基準の解釈」に基づく高圧屋内配線等の施設に関する記述の一部である.

がいし引き工事における電線の支持点間の距離は，　(ア)　m 以下であること. ただし，電線を造営材の面に沿って取り付ける場合は，　(イ)　m 以下とすること.

ケーブル工事においては，管その他のケーブルを収める防護装置の金属製部分，金属製の電線接続箱およびケーブルの被覆に使用する金属体には，　(ウ)　接地工事を施すこと. ただし，接触防護措置を施す場合は，　(エ)　接地工事によることができる.

上記の記述中の空白箇所(ア)，(イ)，(ウ)および(エ)に当てはまる組合せとして，正しいのは次のうちどれか.

	(ア)	(イ)	(ウ)	(エ)
(1)	3	1	A 種	C 種
(2)	3	1	A 種	D 種
(3)	3	2	B 種	D 種
(4)	6	2	A 種	D 種
(5)	6	2	B 種	C 種

法 規 〔25〕

高圧受電設備とその維持，運用について知ろう

図は，高圧受電設備の単線結線図の一部である．

3φ3W 6 600V 電源

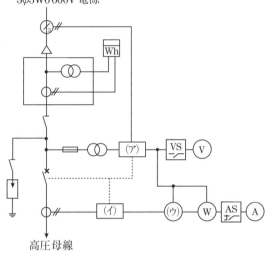

高圧母線

図の空白箇所(ア)，(イ)および(ウ)に設置する機器または計器の組合せとして，正しいのは次のうちどれか．

	(ア)	(イ)	(ウ)
(1)	地絡継電器	過電圧継電器	周波数計
(2)	過電圧継電器	過電流継電器	周波数計
(3)	過電流継電器	地絡継電器	周波数計
(4)	過電流継電器	地絡継電器	力率計
(5)	地絡継電器	過電流継電器	力率計

高圧受電設備の維持，運用に関する問題は，最近の傾向として必ず出題されている．第一種電気工事士筆記試験の「自家用電気工作物の検査方法」，「配線図」等の科目について再確認しておくとともに，社会問題化している高調

波等についても調べておく必要がある.

詳しい解説　(1)　電気用図記号と配線図について知ろう

　高圧受電設備の結線図，シーケンス図および機器の制御回路図等を総称して配線図と呼ぶが，配線図は電気設備固有の図記号の組み合わせである．電気用図記号は，**JIS C 0617** で定められている．

　実際の出題に使用されている主な電気用図記号は，次のとおりである．なお，一部，旧規格（C 0301）の記号も使用されているので，併記してある．

電気用図記号

名称	文字記号	図記号		用途
		単線図用	複線図用	
地絡保護装置付高圧交流負荷開閉器	G付PAS			責任分界点の区分用負荷開閉器で，構内の地絡事故を検出し，自動遮断する．
ケーブルヘッド	CH		（3心）　（単心）	ケーブルの端末処理を施した終端部
断路器	DS			受変電設備を電源側の電線路から無負荷の状態で断路，開閉する目的で使用する．
避雷器	LA			高圧受電設備を誘導雷サージから保護する目的で使用する．

名称	文字記号	図記号		用途
		単線図用	複線図用	
遮断器 (VCB：真空遮断器, OCB：油遮断器)	CB			受変電設備において, 主遮断装置等として, 電路の開閉, 事故電流の遮断を目的として使用する.
単相変圧器	T			高圧電気を単相の低圧電気に変成する. 一次側　6 600 V 二次側　105 V または 210 V など.
単相変圧器 (中間点引き出し)	T			一次側　6 600 V 二次側　210 V/105 V など (単相3線式)
三相変圧器 (Y–△結線)	T			高圧電気を三相の低圧電気に変成する. 一次側　6 600 V 二次側　三相210 V など.
三相変圧器 (単相3台のY–△結線)	T			
三相変圧器 (単相2台のV–V結線)	T			
電力用コンデンサ	C			負荷の力率改善等を目的として使用する.

名称	文字記号	図記号		用途
		単線図用	複線図用	
直列リアクトル	SR			コンデンサ投入時の突入電流の抑制，高調波の流入抑制等の目的で使用する．
高圧交流負荷開閉器	LBS			変圧器やコンデンサの開閉あるいは，事故電流の遮断を目的として使用する．
高圧カットアウト	PC			300 kV・A 以下の変圧器や 50 kvar 以下のコンデンサの開閉装置として使用する．
計器用変圧変流器（電力需給用計器用変成器）	VCT			高圧の電圧・電流を，電力量計等に入力させるのに適した値に変成する．
計器用変圧器	VT			高圧の電圧を，計測するのに適した値に変成する．
変流器	CT			高圧の電流を，計測するのに適した値に変成する．
零相変流器	ZCT			地絡継電器と組み合わせ，電路の地絡事故を検出するのに使用する．
コンデンサ形計器用変圧器	ZPD			高圧電路における地絡事故時の零相電圧を検出するのに使用する．

名称	文字記号	図記号	用途
電力量計	Wh	⊡Wh	計器用変圧変流器と組み合わせ，電力量を計測する．
電力計	W	Ⓦ	電力を計測する．
電流計	A	Ⓐ	電流を計測する．
電圧計	V	Ⓥ	電圧を計測する．
力率計	PF	(cosφ)	力率を計測する．
周波数計	F	(Hz)	周波数を計測する．
電圧計切換開閉器	VS	VS	多線式回路の電圧を1個の電圧計で測定する場合に使用する．
電流計切換開閉器	AS	AS	多線式回路の電流を1個の電流計で測定する場合に使用する．
限　流ヒューズ	PF	▯	過電流を遮断する．
トリップコイル	TC	（遮断器の場合）（複線図用）	開閉器，遮断器の遮断操作に用いる．
誘導電動機	IM	(M/3〜)三相（かご形） (M/3〜)三相（巻線形）	交流回転機として一般に使用されている．
始動抵抗器	STT	（一般） （Y-△）	電動機の始動電流を抑制する目的で使用する．

名称	文字記号	図記号 単線図用	図記号 複線図用	用途
過電流継電器	OCR	$I>$		整定値以上の過電流が流れたとき動作する.
地絡継電器	GR	$I\doteqdot>$		整定値以上の地絡電流が流れたとき動作する.
地絡方向継電器	DGR	$I\doteqdot>$		整定値以上の地絡電流および零相電圧が発生したとき動作する.
過電圧継電器	OVR	$U>$		整定値以上の電圧になったとき動作する.
不足電圧継電器	UVR	$U<$		整定値以下の電圧になったとき動作する.
表示灯	SL	⊗ (一般)	⊗RD (赤)	RD…赤　GN…緑 WH…白　YE…黄
配線用遮断器	MCCB	単線図	複線図	低圧電路の過電流, 短絡電流を遮断し電路, 機器を保護する.

⑵ 高圧受電設備の結線図を見てみよう

高圧受電設備は，主遮断装置の形式により，**CB形**と**PF・S形**に分けられている．

(a) CB形受電設備

図は，CB形受電設備の一例を示している．CB形は，比較的に規模の大きい受電設備で使用され，短絡事故時には，過電流継電器（OCR）の動作と連動した遮断器（CB）が動作し，事故電流を遮断する．

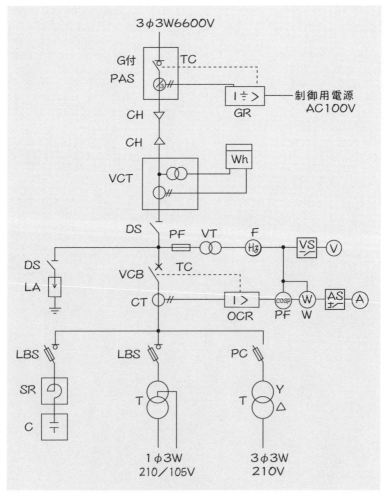

CB形受電設備の単線結線図例（G付PASによる受電）

(b) PF・S形受電設備

　図は，PF·S形受電設備の一例を示している．PF·S形は，限流ヒュー
ズ（PF）と高圧交流負荷開閉器（LBS）で構成されており，変圧器容
量 300 kV·A 程度以下の比較的に小規模の設備に用いられる．

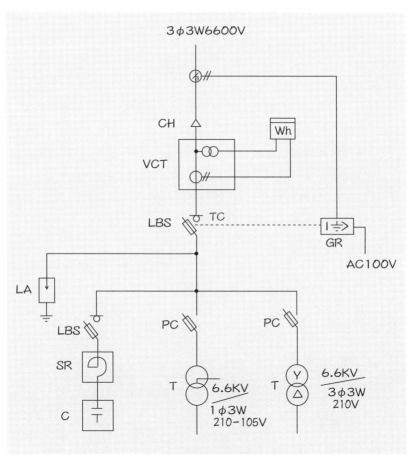

PF・S形受電設備の単線結線図例（地中配電線からの受電）

　短絡事故は，限流ヒューズが溶断することにより，事故電流を遮断
する．

(3) 保守，点検について知ろう

　保守，点検には，日常点検と停電しての定期点検および異常が発生
した場合等に行う臨時点検等がある．日常点検と定期点検については，

---

〔25〕高圧受電設備とその維持，運用について知ろう

管轄産業保安監督部長に届けている保安規程に基づいて行う.

(a) 日常点検

点検の周期としては，毎日あるいは1週間～1か月ごとに行い，**運転状態**にある機器を人間の五感によるか，または，機器設備に常備されている諸計器などによって異常の有無を監視し，必要に応じて手入れをするものである．

(b) 定期点検

点検の周期としては，保安規程で届けている周期（おおむね1～2年）で**停電**して行う精密点検であり，主な点検項目は次のとおりである．

① 接地抵抗測定

② 絶縁抵抗測定（ケーブルの絶縁劣化試験を含む）

③ 保護継電器試験

④ 機器の点検清掃および注油（遮断器等）

⑤ 変圧器の内部点検と絶縁油試験

⑥ その他（清掃，インターロック試験等）

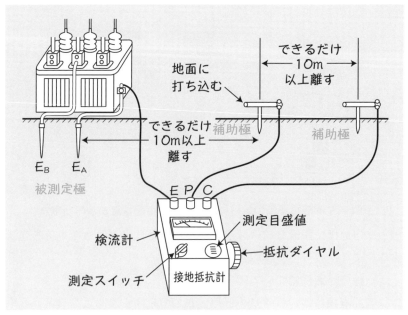

接地抵抗の測定例

〔25〕高圧受電設備とその維持，運用について知ろう

(4) 保護協調について考えよう

ここでは，過電流保護協調について考えてみよう．

(a) 波及事故

例えば，図のS点で短絡事故が発生すると，点線に示すように短絡電流が流れ，過電流継電器（OCR）A，BおよびCは一斉に動作を始める．いま，各継電器の始動値および動作時限が同一に整定されていると，$CB_1 \sim CB_3$の遮断器は同時にトリップし，事故回路と関係のないNo.2，No.3およびNo.1配電線の他の事業所まで停電させることになり，いわゆる波及事故となる．

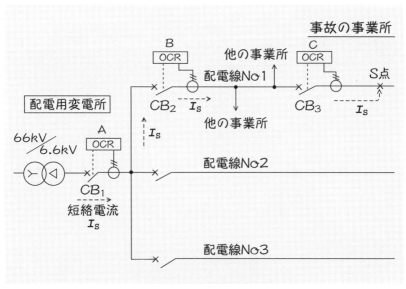

配電線の構成と短絡事故例

(b) 事故拡大防止のための保護協調

事故拡大防止のためには，次の図に示すように各継電器の動作時限および始動値に格差を設けて，CB_3の遮断器を先行トリップさせ，事故の極限化を行う必要がある．このような対策を保護協調を図るという．

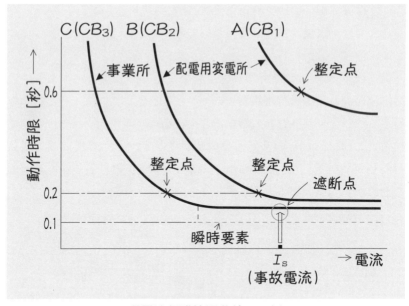

過電流保護協調曲線の一例

図を
もう少し
詳しく説明
します

① I_S は短絡電流で，系統によっては最大 13 kA 程度になることもあります．

② 保護協調は，簡単にいえば，上位の継電器の曲線より下位の継電器の曲線が下にあるとき，協調がとれているといえます．

③ 図の点線は，事業所の過電流継電器に瞬時要素がついている場合です．

④ 整定点とは，過電流継電器の動作時限を決めたもので，一般に，配電用変電所の引出点および事業所の受電用には，タップ値の5倍の電流で0.2秒になるように調整します．

〔25〕高圧受電設備とその維持，運用について知ろう

(5) 高調波とその抑制対策について考えよう

(a) 高調波とは

最近の電子機器の普及により，電子機器自体から発生する**ひずみ波電流**が系統のインピーダンスにより**電圧ひずみ**となって配電線に現れ，他の機器に悪影響（機器の過熱，焼損および振動等）を与えている．ここでいう高調波とは，商用周波に対して，40次程度以下のものをいう．

(b) 高調波による障害例

高調波による障害例として，次のようなものがある．

機器名称	障害の状況	障害による影響
コンデンサ用リアクトル	過負荷，過熱，異常音，振動	絶縁劣化，寿命短縮
電力用コンデンサ	過負荷，過熱，異常音，振動	絶縁劣化，寿命短縮
配線用遮断器	誤動作	電流コイルの焼損
ヒューズ	誤動作，過熱	溶断
過電流継電器	誤動作	電流コイルの焼損

(c) 抑制対策

「高調波抑制対策ガイドライン」では，当面維持すべき高圧配電線の高調波電圧ひずみ率の目標値を5％としている．**抑制対策**としては，次の方法がある．

① 高調波発生量の少ない機器の採用

② **高圧進相コンデンサにリアクトルの設置**

　　コンデンサ容量の6％あるいは高調波流入量の多い箇所では13％のリアクトルを設置し，高調波に対して**誘導性**[注]とすることにより**高調波電流の拡大を防ぐ**．

　　[注] 法規〔33〕 2.高調波電流の計算を参照．

③ **低圧進相コンデンサの設置**

　　低圧側にコンデンサを設置し，力率改善と高調波電流を吸収する．

---

④　多相化変圧器の採用

　　変圧器を2台並置し，その結線を一方は△-△，他方は△-Y
として，一次側は並列接続として等価12パルスにし，第5次と
第7次調波をキャンセルする方法.

⑤　パッシブフィルタの設置

　　LCフィルタにより，高調波電流を吸収する方法.

⑥　アクティブフィルタの設置

　　高調波電流を検出して，それを打ち消す極性の電流をインバー
タ等により発生させ，合成波形を正弦波にする方法.

以上の説明から，正解は(5)となる.

次の事項を特に覚えよう.

①　主な図記号と用途.

②　高圧受電設備の結線図（CB形，PF・S形）.

③　保守・点検・検査等について（第一種電気工事士の参考書等で
学ぶ）.

④　保護協調について.

⑤　高調波とその対策法.

チャレンジ問題

さあ，最後の実力チェックです！

問1　高調波が電気機械器具に与える具体的障害の例として，次の
ようなものがある.

1. コンデンサおよびリアクトルは，　□(ア)□　，うなりを発生し，さ
らに過熱，焼損などに至ることもある.

2. ラジオ，テレビ等に雑音を生じ，また半導体など電子部品の故障，
寿命の低下，性能劣化なども生じる.

3. 電力ヒューズは，エレメントの過熱，　□(イ)□　などが発生する.

4. 電力量計，過電流継電器，配線用遮断器等の　□(ウ)□　の焼損，あ
るいは計量誤差，誤動作などを生じる.

上記の記述中の空白箇所(ア)，(イ)および(ウ)に当てはまる組合せとして，

〔25〕高圧受電設備とその維持，運用について知ろう

182

正しいのは次のうちどれか.

	(ア)	(イ)	(ウ)
(1)	雑音	焼損	動作部
(2)	雑音	焼損	電流コイル
(3)	振動	焼損	電圧コイル
(4)	騒音	溶断	動作部
(5)	振動	溶断	電流コイル

問2 キュービクル式高圧受電設備には主遮断装置の形式によって CB 形と PF・S 形がある. CB 形は主遮断装置として $\boxed{\text{(ア)}}$ が使用されているが, PF・S 形は変圧器設備容量の小さなキュービクルの設備簡素化の目的から, 主遮断装置は $\boxed{\text{(イ)}}$ と $\boxed{\text{(ウ)}}$ の組み合わせによっている.

高圧母線等の高圧側の短絡事故に対する保護は, CB 形では $\boxed{\text{(ア)}}$ と $\boxed{\text{(エ)}}$ で行うのに対し, PF・S 形は $\boxed{\text{(イ)}}$ で行う仕組みとなっている.

上記の記述中の空白箇所(ア), (イ), (ウ)および(エ)に当てはまる組合せとして, 正しいのは次のうちどれか.

	(ア)	(イ)	(ウ)	(エ)
(1)	高圧限流ヒューズ	高圧交流遮断器	高圧交流負荷開閉器	過電流継電器
(2)	高圧交流負荷開閉器	高圧限流ヒューズ	高圧交流遮断器	過電圧継電器
(3)	高圧交流遮断器	高圧交流負荷開閉器	高圧限流ヒューズ	不足電圧継電器
(4)	高圧交流負荷開閉器	高圧交流遮断器	高圧限流ヒューズ	不足電圧継電器
(5)	高圧交流遮断器	高圧限流ヒューズ	高圧交流負荷開閉器	過電流継電器

問3 次の文章は，油入変圧器における絶縁油の劣化についての記述である．

a．自家用需要家が絶縁油の保守，点検のために行う試験には，□(ア)□試験および酸価度試験が一般に実施されている．

b．絶縁油，特に変圧器油は，使用中に次第に劣化して酸価が上がり，□(イ)□や耐圧が下がるなどの諸性能が低下し，ついには泥状のスラッジができるようになる．

c．変圧器油劣化の主原因は，油と接触する□(ウ)□が油中に溶け込み，その中の酸素による酸化であって，この酸化反応は変圧器の運転による□(エ)□の上昇によって特に促進される．そのほか，金属，絶縁ワニス，光線なども酸化を促進し，劣化生成物のうちにも反応を促進するものが数多くある．

上記の記述中の空白箇所(ア)，(イ)，(ウ)および(エ)に当てはまる組合せとして，正しいのは次のうちどれか．

	(ア)	(イ)	(ウ)	(エ)
(1)	絶縁耐力	抵抗率	空 気	温 度
(2)	濃 度	熱伝導率	絶縁物	温 度
(3)	絶縁耐力	熱伝導率	空 気	湿 度
(4)	絶縁抵抗	濃 度	絶縁物	温 度
(5)	濃 度	抵抗率	空 気	湿 度

法　規 〔26〕 → 調整池式水力発電の計算に挑戦

やさしい問題

調整池式水力発電所がある. 河川の流量が 10 m³/s で安定している時期に, 調整池を活用して, 毎日図のように 6 時間に集中して発電を行った. このような運転が可能であるために最低限必要な調整池の有効貯水容量の値〔m³〕として, 最も近いのは次のうちどれか.

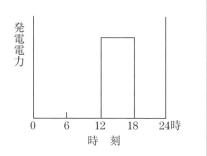

(1)　324 000　　(2)　486 000　　(3)　648 000

(4)　810 000　　(5)　972 000

要点

調整池とは, 日または週程度の負荷変動に応じて河川流量を調整するもので, 軽負荷時の余剰水量を貯水し, ピーク負荷時に放出する目的で設備される. 調整池を利用した発電を調整池式水力発電と呼ぶ. この項では, 調整池容量, ピーク時の出力（使用水量）, オフピーク時の出力（使用水量）等の計算の仕方を学習する.

詳しい解説

(1)　**水力発電の出力の式を知ろう**

水力発電所の出力は, 次の式で表せる.

$$P = 9.8QH\eta \ \text{〔kW〕}$$

ただし, P：水力発電所の出力〔kW〕

　　　　Q：使用水量〔m³/s〕

　　　　H：有効落差〔m〕

　　　　η：水車および発電機効率（おおむね, 0.85 〜 0.90）

(2) 調整池の働きについて考えよう

調整池の水の流れは次のようになる.

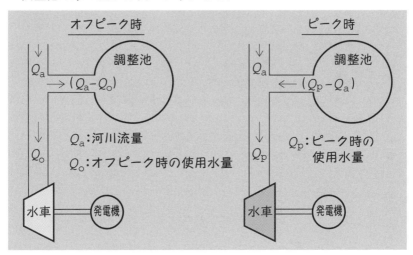

発電曲線との関係は次のようになる.

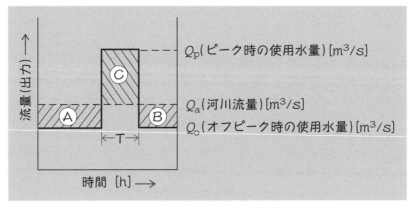

① Ⓐ, Ⓑ, Ⓒの関係

Ⓐ+Ⓑは, オフピーク時に調整池に**貯える水の量**となり, Ⓒは, **貯
えた水をピーク時に放水する量**となる.

つまり, Q_p が Q_a より常に大きい場合は,

Ⓐ+Ⓑ=Ⓒ

の関係があり, Ⓒは, **調整池の容量**である.

---

〔26〕調整池式水力発電の計算に挑戦

② 調整池の容量

調整池の容量 V 〔m^3〕は，ピーク時間を T 〔h〕とすれば，

$$V = (Q_p - Q_a) \times 3\,600 \times T \ \ 〔m^3〕$$

または，

$$V = (Q_a - Q_o) \times 3\,600 \times (24 - T) \ \ 〔m^3〕$$

ここで，3 600 は，流量が毎秒当たりの値〔m^3/s〕なので，時間を秒に換算した数値である．

(3) それでは本問について考えてみよう

発電電力は，使用水量に比例するので，縦軸の発電電力を使用水量（流量）に置き換えて考える．

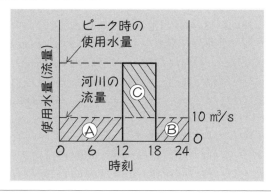

調整池の容量 V〔m^3〕は,

$$V=Ⓐ＋Ⓑ＝Ⓒ$$

より,

$$V=(10-0)\times3600\times(24-6)$$
$$=648000\,\mathrm{m}^3$$

以上の説明から, **正解は(3)となる.**

(4) 例題により理解を深めよう

例題1 有効落差 $100\,\mathrm{m}$ の調整池式水力発電所がある. 河川の流量が $15\,\mathrm{m}^3/\mathrm{s}$ で安定している時期に, 毎日図のように, 20 時間貯水し, 4 時間の発電を行うものとすれば, この 4 時間における発電電力の値〔kW〕として, 最も近いのは次のうちどれか. ただし, 機器の効率は, 0.85 とする.

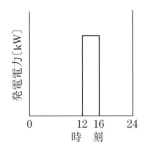

(1) 62 500   (2) 72 500   (3) 75 000

(4) 85 000   (5) 92 500

〈解法〉

① ピーク時の使用水量を求める.

縦軸に使用水量をとると, ピーク時の使用水量 Q_p〔m^3/s〕は, Ⓐ＋Ⓑ＝Ⓒより,

$$(15-0)\times3600\times(24-4)=(Q_\mathrm{p}-15)\times3600\times4$$
$$\therefore\quad Q_\mathrm{p}=90\,\mathrm{m}^3/\mathrm{s}$$

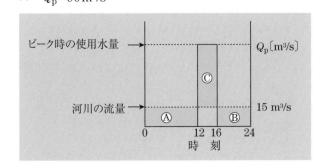

② 発電所の出力を求める.

発電所の出力 P〔kW〕は，$P=9.8QH\eta$ より，

$P=9.8\times90\times100\times0.85$

$=74\,970 \fallingdotseq 75\,000\,\text{kW}$

正解(3)

例題2 最大出力 10000 kW，最大使用水量 15 m³/s で，有効貯水容量 218 000 m³ の調整池を有する水力発電所がある．河川流量が 6 m³/s で一定の日に，調整池を活用して図のような発電を行った．P の値〔kW〕として，最も近い

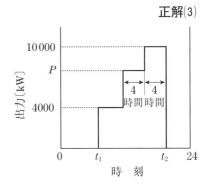

のは次のうちどれか．ただし，出力は使用水量に比例するものとし，また，調整池は，時刻 t_1 において満水となり，時刻 t_2 において最低水位になるものとする．

(1) 8 000　　(2) 8 090　　(3) 8 180　　(4) 8 270　　(5) 8 360

〈解法〉

① 各出力時の使用水量を求める．

(ア) 出力 10 000 kW のときは，題意より，15 m³/s

(イ) 出力 4 000 kW のときの使用水量は，出力に比例するので，

$$使用水量 = 15\times\frac{4\,000}{10\,000} = 6\,\text{m}^3/\text{s}\quad（河川の流量と同じ.）$$

(ウ) 以上の関係をもとにして，縦軸に使用水量をとると，

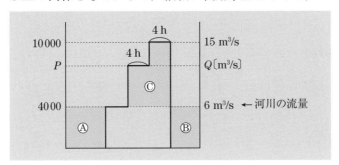

出力 P〔kW〕のときの使用水量を Q〔m³/s〕とすると，ⓒが調整池の容量であるから，

$$(Q-6) \times 3600 \times 4 + (15-6) \times 3600 \times 4 = 218\,000$$

$$\therefore \quad Q = 12.14\,\mathrm{m^3/s}$$

② P〔kW〕を求める.

出力と使用水量は比例するので,

$$P = \frac{12.14}{15} \times 10\,000 = 8\,090\,\mathrm{kW}$$

正解(2)

 次の事項を特に覚えよう.

① 調整池容量の求め方.

② ピーク時の使用水量（出力）の求め方.

 チャレンジ問題

さあ，最後の実力チェックです！

問1 発電所の最大出力が $40\,000\,\mathrm{kW}$ で最大使用水量が $20\,\mathrm{m^3/s}$, 有効容量 $360\,000\,\mathrm{m^3}$ の調整池を有する水力発電所がある. 河川流量が $10\,\mathrm{m^3/s}$ 一定である時期に, 河川の全流量を発電に利用して図のような発電を毎日行った. 毎朝満水になる8時から発電を開始し, 調整池の有効容量の水を使い切る x 時まで発電を行い, その後は発電を停止して翌日に備えて貯水のみをする運転パターンである. 次の(a)および(b)の問に答えよ.

ただし, 発電所出力〔kW〕は使用水量〔$\mathrm{m^3/s}$〕のみに比例するものとし, その他の要素にはよらないものとする.

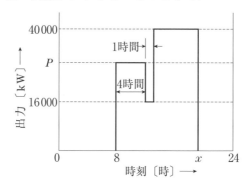

(a) 運転を終了する時刻 x として, 最も近いのは次のうちどれか.

〔26〕調整池式水力発電の計算に挑戦

(1)　19 時　　(2)　20 時　　(3)　21 時

(4)　22 時　　(5)　23 時

(b)　図に示す出力 P の値〔kW〕として，最も近いのは次のうちどれか．

(1)　20 000　　(2)　22 000　　(3)　24 000

(4)　26 000　　(5)　28 000

問2　1 日の負荷持続曲線が次式で表される工場がある．この工場では，自社の流込み式水力発電所で発電する電力を使用し，それでもなお不足するときは，常時並列運転している電力会社の電力系統から受電して使用している．また，この工場で余剰電力が生ずるときは電力会社の電力系統へ逆送している．この水力発電所の発生電力が 8 000 kW で一定の場合，次の(a)および(b)に答えよ．

$$P = 15\,000 - 400X$$

ただし，P：負荷電力〔kW〕，X：時間〔h〕

(a)　電力会社へ逆送できる時間の値〔h〕として，最も近いのは次のうちどれか．

(1)　3.5　　(2)　4.5　　(3)　5.5　　(4)　6.5　　(5)　17.5

(b)　電力会社への逆送電力量の値〔kW·h〕として，最も近いのは次のうちどれか．

(1)　8 000　　(2)　8 500　　(3)　9 000

(4)　9 500　　(5)　10 000

法 規 〔27〕 変圧器の効率について知ろう

やさしい問題

定格容量 10 kV·A，鉄損 100 W，全負荷銅損 250 W の変圧器がある．定格の 1/2 負荷における効率の値〔%〕として，最も近いのは次のうちどれか．

ただし負荷の力率は 80 % とする．

(1) 96.1　　(2) 96.4　　(3) 96.7
(4) 97.0　　(5) 97.3

要点

変圧器の効率は，

$$効率 = \frac{出力〔kW〕}{出力〔kW〕+損失〔kW〕} \times 100〔\%〕$$

で表される．

　変圧器の損失には，負荷の大きさにかかわらず常に一定な鉄損と負荷の割合（利用率）の 2 乗に比例する銅損とがある．

　この項では，効率の計算の仕方，最大効率等について学習する．

詳しい解説

(1) 変圧器の損失について知ろう

変圧器の損失には，**鉄損**と**銅損**がある．

① 鉄損（P_i）

変圧器を励磁することにより生じる損失で，**負荷の割合（利用率）にかかわらず常に一定**である．

　鉄損はさらに次のように分けられる．

鉄損 $\begin{cases} ヒステリシス損\cdots ヒステリシスループによる損失 \\ 渦電流損\cdots 磁束の変化により鉄心内に生ずる渦電流による損失 \end{cases}$

② 銅損（P_c）

負荷電流が流れることにより巻線の抵抗に生ずる損失で，**負荷の割合（利用率）の 2 乗に比例する**．

　銅損はさらに次のように分けられる．

$$銅損 \begin{cases} 抵抗損 \cdots 巻線の抵抗による損失 (I^2R) \\ 漂遊負荷損 \cdots 負荷電流が流れたときの漏れ磁束による損失 \end{cases}$$

(2) 変圧器の効率について知ろう

変圧器の効率 η は，次の式で表される．

$$\eta = \frac{出力 〔kW〕}{出力 〔kW〕 + 損失 〔kW〕} \times 100 〔\%〕$$

ここで，

　変圧器容量： P 〔kV·A〕

$$利用率：\alpha = \frac{負荷容量 〔kV·A〕}{変圧器容量 〔kV·A〕}$$

　全負荷銅損： P_c 〔kW〕

　鉄損： P_i 〔kW〕

　負荷の力率： $\cos\theta$

とすると，**利用率 α のときの効率 η は，**

$$\eta = \frac{\alpha P \cos\theta}{\alpha P \cos\theta + P_i + \alpha^2 P_c} \times 100 \ \%$$

つまり，　出力 $= \alpha P \cos\theta$ 〔kW〕

$$損失 = \underset{\uparrow}{P_i} + \underset{\uparrow}{\alpha^2 P_c} \ 〔kW〕$$

　　　　　　鉄損　利用率 α のときの銅損

(3) それでは本問について考えよう

題意より，

　　利用率 $\alpha = 1/2$

$$損失 = 0.1 + \left(\frac{1}{2}\right)^2 \times 0.25 = 0.1625 \ kW$$

$$出力 = \frac{1}{2} \times 10 \times 0.8 = 4 \ kW$$

であるから，効率 η 〔%〕は，

$$\eta = \frac{4}{4 + 0.1625} \times 100 = 96.1 \%$$

以上の説明から，**正解は(1)となる**.

⑷　**最高効率となる利用率について考えよう**

　利用率により変圧器の効率は変化する．ここでは，最高効率を与える利用率を求めてみよう．

　変圧器の効率ηは，

$$\eta = \frac{\alpha P \cos\theta}{\alpha P \cos\theta + P_\mathrm{i} + \alpha^2 P_\mathrm{c}} \times 100\%$$

であるから，この式の分母，分子をαで割ると，

$$\eta = \frac{P \cos\theta}{P \cos\theta + \dfrac{P_\mathrm{i}}{\alpha} + \alpha P_\mathrm{c}} \times 100\%$$

$P\cos\theta$は，αの値にかかわらず一定であるから，ηを最大とするには，

分母の$\left(\dfrac{P_\mathrm{i}}{\alpha} + \alpha P_\mathrm{c}\right)$が最小となればよい.

　その条件は，最小の定理により，

2数の積$\left(\dfrac{P_\mathrm{i}}{\alpha} \times \alpha P_\mathrm{c} = P_\mathrm{i} P_\mathrm{c}\right)$が一定であるから，

2数の和$\left(\dfrac{P_\mathrm{i}}{\alpha} + \alpha P_\mathrm{c}\right)$が最小となるのは，

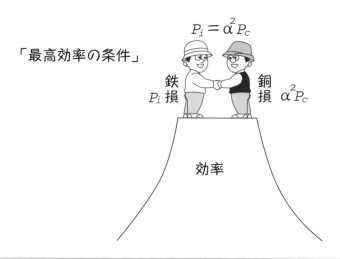

「最高効率の条件」

$P_i = \alpha^2 P_c$

鉄損 P_i　　銅損 $\alpha^2 P_c$

効率

2 数が等しいとき $\left(\dfrac{P_\mathrm{i}}{\alpha} = \alpha P_\mathrm{c}\right)$ である.

以上により，**最高効率となる利用率αは**，

$$\frac{P_\mathrm{i}}{\alpha} = \alpha P_\mathrm{c}$$

$$\therefore \quad \alpha = \sqrt{\frac{\boldsymbol{P_\mathrm{i}}}{\boldsymbol{P_\mathrm{c}}}} \quad \text{または，} \quad \boldsymbol{P_\mathrm{i}} = \alpha^2 \boldsymbol{P_\mathrm{c}}$$

つまり，**鉄損（$\boldsymbol{P_\mathrm{i}}$）と利用率$\alpha$における銅損（$\boldsymbol{\alpha^2 P_\mathrm{c}}$）が等しいときに最高効率となる**.

また，最高効率η_maxは，

$$\eta_\mathrm{max} = \frac{\alpha P \cos\theta}{\alpha P \cos\theta + 2P_\mathrm{i}} \times 100\,\%$$

または，

$$\eta_\mathrm{max} = \frac{\alpha P \cos\theta}{\alpha P \cos\theta + 2\alpha^2 P_\mathrm{c}} \times 100\,\%$$

となる.

(5) **例題により理解を深めよう**

例題　定格出力$50\,\mathrm{kV \cdot A}$，鉄損$300\,\mathrm{W}$，全負荷銅損が$800\,\mathrm{W}$の単相変圧器がある．最高効率のときの負荷の値〔kW〕およびそのときの効率の値〔%〕の組合せとして，最も近いのは次のうちどれか．

ただし，負荷の力率は$80\,\%$とする.

(1)　負荷　$24.4\,\mathrm{kW}$　　効率　$96.6\,\%$

(2)　負荷　$24.4\,\mathrm{kW}$　　効率　$97.6\,\%$

(3)　負荷　$33.0\,\mathrm{kW}$　　効率　$96.6\,\%$

(4)　負荷　$33.0\,\mathrm{kW}$　　効率　$97.6\,\%$

(5)　負荷　$35.2\,\mathrm{kW}$　　効率　$96.6\,\%$

〈解法〉

① 　最高効率となる利用率αを求める.

$$\alpha = \sqrt{\frac{P_\mathrm{i}}{P_\mathrm{c}}} = \sqrt{\frac{0.3}{0.8}} = \sqrt{\frac{3}{8}} = \frac{\sqrt{3}}{2\sqrt{2}} = 0.61$$

② 負荷容量を求める．

負荷の皮相電力 S〔kV·A〕は，

$$S = 0.61 \times 50 = 30.5\,\text{kV·A}$$

負荷の有効電力 W〔kW〕は，

$$W = 30.5 \times 0.8 = 24.4\,\text{kW}$$

③ 最高効率 η を求める．

$$\eta = \frac{24.4}{24.4 + 2 \times 0.3} \times 100 = 97.6\,\%$$

正解 (2)

通常，効率といえば，入力と出力より，

$$効率 = \frac{出力}{入力} \times 100\,〔\%〕$$

で表されるが，変圧器の場合は，容量が大きいので，それに見合った負荷をつないで入出力を測定するのは困難となる．そこで，損失を測定することにより求められる効率を別名，規約効率と呼んでいる．

$$規約効率 = \frac{出力}{出力 + 損失} \times 100\,〔\%〕$$

次の事項を特に覚えよう．

① 最高効率となる利用率 α の値．

$$\alpha = \sqrt{\frac{P_\text{i}}{P_\text{c}}}$$

② （最高）効率の求め方．

 チャレンジ問題

さあ，最後の実力チェックです！

問1 ある単相変圧器の効率が 65 ％負荷で最大になるという．1/2 負荷における鉄損と銅損の比 $\left[\dfrac{鉄損}{銅損}\right]$ の値として，最も近いのは次のうちどれか．

(1) 0.30　(2) 0.60　(3) 1.30　(4) 1.49　(5) 1.69

〔27〕変圧器の効率について知ろう

問2 定格出力 100 kV·A の単相変圧器の最大効率は，3/4 負荷で 98 ％であった．この変圧器の全負荷銅損の値〔kW〕として，最も近いのは次のうちどれか．

ただし，負荷の力率は 100 ％とする．

(1) 0.68　　(2) 0.77　　(3) 1.22

(4) 1.36　　(5) 1.85

問3 全負荷銅損が 5 kW，鉄損が 2.5 kW の変圧器で，最大効率となるときの負荷は全負荷の何〔％〕のときか．最も近い値を次のうちから選べ．

(1) 50　　(2) 71　　(3) 76　　(4) 81　　(5) 86

問4 定格容量 100 kV·A，鉄損が 1 kW，全負荷銅損が 3 kW の三相変圧器がある．この変圧器の最大効率の値〔％〕として，最も近いのは次のうちどれか．

ただし，負荷の力率は 90 ％とする．

(1) 96.3　　(2) 96.8　　(3) 97.1

(4) 97.4　　(5) 97.7

法規 〔28〕 全日効率の計算に挑戦

やさしい問題

定格容量 100 kV·A の変圧器があり，鉄損は 700 W，全負荷銅損は 1 300 W である．

この変圧器を，1 日のうち 12 時間を全負荷，残りの 12 時間を無負荷で使用するものとすれば，全日効率の値〔%〕として，最も近いのは次のうちどれか．

ただし，負荷の力率は 100 % とする．

(1) 97.0 (2) 97.2 (3) 97.4
(4) 97.6 (5) 97.8

要点

変圧器を 1 日運転したときの効率を全日効率と呼び，次の式で表される．

$$全日効率 = \frac{1日中の負荷電力量}{1日中の負荷電力量 + 1日中の損失電力量} \times 100 〔\%〕$$

1 日中の損失は，24 時間一定である鉄損と，負荷の割合（利用率）の 2 乗に比例する銅損による電力量の合計となる．

この項では，全日効率の計算の仕方，さらには，バイパス解説で，1 台運転と 2 台運転の効率分岐点について学習する．

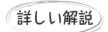
詳しい解説

(1) 全日効率について知ろう

全日効率 η_d 〔%〕は，次の式で表される．

$$\eta_\mathrm{d} = \frac{\sum \alpha P(\cos\theta)t}{\sum \alpha P(\cos\theta)t + P_\mathrm{i} \times 24 + \sum \alpha^2 P_\mathrm{c} t} \times 100 \%$$

ここで，

$\sum \alpha P(\cos\theta)t$ …1 日中の負荷（供給）電力量〔kW·h〕

$P_\mathrm{i} \times 24$ …1 日中の鉄損電力量〔kW·h〕

$\sum \alpha^2 P_\mathrm{c} t$ …1 日中の銅損電力量〔kW·h〕

⑵ それでは本問について考えよう

12 時間を全負荷，残り 12 時間を無負荷で運転するので，全負荷のときの利用率 α は 1，無負荷のときの利用率 α は零となる．

したがって，1 日中の負荷電力量は，

$$1日中の負荷電力量 = 1\times100\times1\times12$$

$$\underset{\alpha}{\uparrow}\quad\underset{P}{\uparrow}\quad\underset{\cos\theta}{\uparrow}\quad\underset{t}{\uparrow}$$

$$= 1\,200\ \text{kW·h}$$

1 日中の鉄損電力量は，負荷の有無にかかわらず一定であるから，

$$1日中の鉄損電力量 = 0.7\times24 = 16.8\ \text{kW·h}$$

1 日中の銅損電力量は，無負荷時は零であるから（$\because\ \alpha = 0$），

$$1日中の銅損電力量 = 1^2\times1.3\times12$$

$$\underset{\alpha^2}{\uparrow}\quad\underset{P_c}{\uparrow}\quad\underset{t}{\uparrow}$$

$$= 15.6\ \text{kW·h}$$

以上より，全日効率 η_d 〔%〕は，

$$\eta_d = \frac{1\,200}{1\,200 + 16.8 + 15.6}\times100 = 97.4\ \%$$

以上の説明から，**正解は⑶となる．**

⑶ **例題により理解を深めよう**

例題　定格容量 50 kV·A，鉄損 500 W，全負荷銅損 1 100 W の変圧器がある．この変圧器を 1 日のうち，無負荷で 10 時間，力率 100 % の 1/2 負荷で 6 時間，力率 85 % の全負荷で 8 時間使用するものとすれば，この日の全日効率の値〔%〕として，最も近いのは次のうちどれか．

(1)　95.4　　(2)　95.6　　(3)　95.8

(4)　96.0　　(5)　96.2

<解法>

①　1 日中の負荷電力量を求める．

$$1日中の負荷電力量 = \frac{1}{2}\times50\times1\times6 + 1\times50\times0.85\times8$$

$$\underset{\alpha}{\uparrow}\ \underset{P}{\uparrow}\ \underset{\cos\theta}{\uparrow}\ \underset{t}{\uparrow}\ \underset{\alpha}{\uparrow}\ \underset{P}{\uparrow}\ \underset{\cos\theta}{\uparrow}\ \underset{t}{\uparrow}$$

$$= 490\ \text{kW·h}$$

② 1日中の鉄損電力量を求める.

  1日中の鉄損電力量 = 0.5 × 24 = 12 kW·h

③ 1日中の銅損電力量を求める.

  $$1日中の銅損電力量 = \left(\frac{1}{2}\right)^2 \times 1.1 \times 6 + 1^2 \times 1.1 \times 8$$

  $$= 10.45 \, kW \cdot h$$

④ 全日効率 η_d 〔%〕を求める.

  $$\eta_d = \frac{490}{490 + 12 + 10.45} \times 100 = 95.6 \, \%$$ 正解 (2)

変圧器2台を並行運転しているとき,負荷がある値以下になると,2台運転より,1台運転とした方が効率は良くなる.ここでは,例題により,効率の分岐点を求めてみよう.

例題 同一定格で容量 100 kV·A の単相変圧器が2台並行運転されている.負荷がある値より小さくなると,変圧器1台を回路から切り離して,単独運転とする方が運転効率が高くなる.その負荷の値〔kW〕として,最も近いのは次のうちどれか.

ただし,変圧器の鉄損を 600 W,全負荷銅損を 1 500 W とし,負荷の力率は 100 % とする.

(1) 59.4   (2) 69.4   (3) 79.4   (4) 89.4   (5) 99.4

＜解法＞ **効率の分岐点**は,変圧器1台運転と2台運転における**損失**を比べ,**1台運転の方が損失が小さくなる負荷電力**が分岐点となる.

いま,負荷の皮相電力を P_0 〔kV·A〕とすると,

① 1台運転時の損失 P_1 〔kW〕は

$$P_1 = 0.6 + \left(\frac{P_0}{100}\right)^2 \times 1.5$$
$$\quad\uparrow\qquad\quad\uparrow\qquad\quad\uparrow$$
$$\quad P_i\qquad\quad \alpha\qquad\quad P_c$$

② 2台運転時の損失 P_1' 〔kW〕は,変圧器1台当たりが分担する容量が $P_0/2$ となるので,

$$P_1' = 2 \times \left\{ 0.6 + \left(\frac{P_0/2}{100} \right)^2 \times 1.5 \right\}$$

↑ ↑ ↑   ↑

2台分 P_i α P_c

③　$P_1 \leqq P_1'$ になる P_0 を求める.

$$0.6 + \frac{1.5 P_0{}^2}{10\,000} \leqq 1.2 + \frac{3 P_0{}^2}{40\,000}$$

P_0 について整理すると,

$$P_0{}^2 \leqq \frac{0.6 \times 10\,000}{0.75} = 8 \times 1\,000$$

$$P_0 \leqq \sqrt{80} \times 10$$

$$\therefore \quad P_0 \leqq 89.4 \ \mathrm{kV \cdot A}$$

力率は 100 % なので, 負荷の電力が 89.4 kW 以下のときは, 1 台運転にした方が効率は高くなる.　　　　　　　　　　　　**正解**　(4)

 次の事項を特に覚えよう.

①　全日効率の求め方.

②　1 台運転と 2 台運転の効率の分岐する負荷電力の求め方.

 チャレンジ問題

 さあ,最後の実力チェックです!

問1　定格容量 100 kV·A の変圧器があり, 鉄損は 0.75 kW, 全負荷銅損は 1 kW である.

この変圧器を, 1 日を通じて 8 時間ずつ, 全負荷, 3/4 負荷および無負荷で使用するものとすれば, 全日効率の値〔%〕として, 最も近いのは次のうちどれか. ただし, 負荷の力率は 100 % とする.

(1)　93.5　　(2)　94.6　　(3)　95.7　　(4)　96.8　　(5)　97.9

問2　同一定格の単相変圧器 2 台が並行運転されており, 各変圧器は, 定格二次電流が 100 A, 定格負荷時の全銅損が 300 W, 定格電圧

時の鉄損が100Wである．定格電圧において運転中に負荷の要求する電流がある値より小さくなると，変圧器1台を回路から切り離して，単独運転とする方が運転効率が高くなるという．その場合について，次の(a)および(b)に答えよ．ただし，負荷の力率は常に一定とする．

(a) 1台運転時の変圧器利用率を α としたとき，2台運転時の変圧器の損失の値〔kW〕として，最も近いのは次のうちどれか．

(1) $0.2\alpha+0.6$ 　 (2) $0.2\alpha^2+0.6$ 　 (3) $0.2+0.15\alpha^2$

(4) $0.2+0.3\alpha^2$ 　 (5) $0.2+0.6\alpha$

(b) 運転効率が高くなる電流の分岐値〔A〕として，最も近いのは次のうちどれか．

(1) 81.6 　 (2) 92.7 　 (3) 103.8

(4) 114.9 　 (5) 125.0

問3 配電線路に接続された，定格容量20kV·A，定格二次電流200A，定格電圧時の鉄損150W，定格負荷時の銅損270Wの単相変圧器がある．

この変圧器の二次側の日負荷曲線が図のような場合について，次の(a)および(b)に答えよ．

ただし，負荷の力率は一定で80%とする．

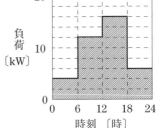

(a) 変圧器の1日の損失電力量の値〔kW·h〕として，最も近いのは次のうちどれか．

(1) 3.68 　 (2) 3.91 　 (3) 5.43

(4) 6.46 　 (5) 7.50

(b) 変圧器の全日効率の値〔%〕として，最も近いのは次のうちどれか．

(1) 96.8 　 (2) 97.2 　 (3) 97.7

(4) 98.4 　 (5) 99.0

〔28〕全日効率の計算に挑戦

法 規 〔29〕 →　負荷率，需要率，不等率について知ろう

やさしい問題

　　　最大需要電力の負荷設備容量の合計に対する比を $\boxed{（ア）}$ といい，各需要家の最大需要電力の総和の合成最大電力に対する比を $\boxed{（イ）}$ という．また，ある期間中の平均需要電力の最大需要電力に対する比を $\boxed{（ウ）}$ という．

　　上記の記述中の空白箇所(ア)，(イ)および(ウ)に当てはまる組合せとして，正しいのは次のうちどれか．

	(ア)	(イ)	(ウ)
(1)	負荷率	設備率	不等率
(2)	需要率	負荷率	不等率
(3)	負荷率	不等率	需要率
(4)	需要率	不等率	負荷率
(5)	設備率	不等率	負荷率

要点

　　　電力需要に応じる供給設備容量を設計するには，負荷率，需要率，不等率などを考慮する．なぜなら，電力需要設備はすべて同時に使用されないし，日，季節，時刻により，需要設備の使用状況が異なるので，変圧器や配電線などの設備をいつも負荷と同じ容量だけ整える必要はないからである．この項では，負荷率，需要率，不等率について学習する．

詳しい解説

(1) 負荷率について知ろう

　　　変電所や需要家における電力の使用状況は，時刻によっても，季節によってもかなりの違いがある．このような電力需要の変動の程度を表すのに負荷率が用いられており，次の式で表される．

$$負荷率 = \frac{（ある期間中の）\ \textbf{平均需要電力}〔kW〕}{（ある期間中の）\ \textbf{最大需要電力}〔kW〕} \times 100〔\%〕$$

負荷率は，その期間のとり方によって，日負荷率（1日），月負荷率（1か月）および年負荷率（1か年）がある．

ここで，次の例題を考えてみよう．

例題 図の日負荷曲線をもつ需要家の負荷率〔%〕を求めよ．

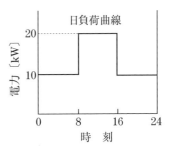

<解法> ① 平均需要電力を求める．

8時から16時までの8時間が20kW，残りの16時間が10kWであるから，平均需要電力は，

$$平均需要電力 = \frac{20 \times 8 + 10 \times 16}{24} = 13.3 \ kW$$

② 負荷率を求める．

最大需要電力は20kWであるから，負荷率は，

$$負荷率 = \frac{13.3}{20} \times 100 = 66.5 \ \%$$

(2) **需要率について知ろう**

需要設備のうち，最大何パーセントが使用されるかという割合で，次の式で表される．

$$需要率 = \frac{最大需要電力〔kW〕}{負荷設備の総容量〔kW〕} \times 100〔\%〕$$

負荷設備の総容量が kV·A で与えられたときは，次の式を用いる．

$$需要率 = \frac{最大需要電力 \times \dfrac{1}{力率}〔kV\cdot A〕}{負荷設備の総容量 \quad 〔kV\cdot A〕} \times 100〔\%〕$$

ここで，次の例題を考えてみよう．

例題 負荷設備の総容量が100kV·Aで，最大需要電力が50kWの需要家がある．需要率を求めよ．

ただし，負荷の力率は80%とする．

〔29〕負荷率，需要率，不等率について知ろう

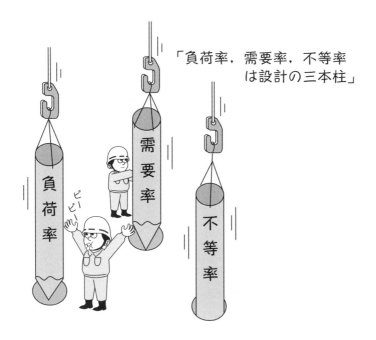

「負荷率，需要率，不等率
　は設計の三本柱」

<解法>　公式により，需要率は，

$$需要率 = \frac{50 \times \dfrac{1}{0.8}}{100} \times 100 = 62.5\,\%$$

(3) **不等率について知ろう**

　一つの変圧器が数個の需要家に供給している場合を考えると，個々の需要設備の最大電力は，同じ時刻に発生するとは限らない．したがって，時刻を無視した各需要家個々の最大需要電力を合計したものは，全体を総合した合成最大需要電力より必ず大きくなる．

　この割合を示すものを不等率といい，次の式で表される．

$$不等率 = \frac{各負荷の最大需要電力の和〔kW〕}{合成最大需要電力〔kW〕}$$

不等率は，1 以上で，負荷の種類により 1.0 〜 1.5 程度の値となる．

以上の説明から，**正解は**(4)となる．

ここで，次の例題を考えてみよう．

〔29〕負荷率，需要率，不等率について知ろう

205

例題 図のような日負荷曲線を持つ A，B 需要家間の不等率を求めよ．

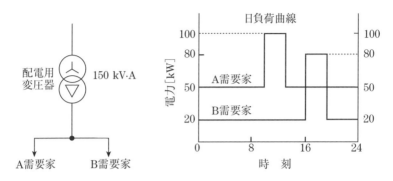

（解説） この日負荷曲線をみて分かるとおり，A 需要家の最大需要電力は 100 kW，B 需要家は 80 kW であるが，ピークとなる時間が異なるので，配電用変圧器から見れば，100＋80＝180 kW の変圧器容量よりも小さく設計できる．

このことが，不等率を，設計上用いる理由である．

＜解法＞ 合成の最大需要電力は，下図のように①～③の時間帯に分解して考えたとき，最大となる値をとればよい．つまり，

①の時間帯では， 50＋20＝70 kW

②の時間帯では， 100＋20＝120 kW

③の時間帯では， 80＋50＝130 kW

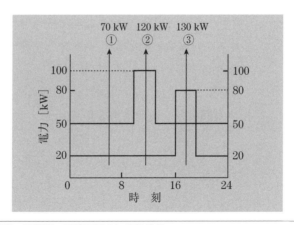

したがって，合成最大需要電力は，130 kW となる.

各負荷の最大需要電力の和は，100＋80＝180 kW であるから，不等率は，

$$不等率 = \frac{180}{130} = 1.38$$

最大需要電力とか平均需要電力という言葉を使っているが，問題によっては，需要をはずして，最大電力，平均電力が使われることもある．次の事項を特に覚えよう.

① 負荷率の定義と求め方

② 需要率の定義と求め方

③ 不等率の定義と求め方

 チャレンジ問題

さあ，最後の実力チェックです！

問1 日負荷持続曲線が図のような直線で表される負荷がある．$a = 3\,000$，$b = 60$ のとき，この負荷の日負荷率の値〔％〕として，最も近いのは次のうちどれか.

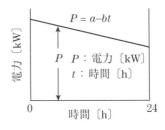

(1) 76 (2) 78 (3) 80

(4) 82 (5) 84

問2 負荷設備の合計容量が 1 000 kW で，需要率が 45 ％の需要家があり，年間の消費電力量は 1 774 000 kW·h であった．この需要家の年負荷率の値〔％〕として，最も近いのは次のうちどれか.

(1) 40 (2) 45 (3) 50 (4) 55 (5) 60

問3 需要家群を総合した場合の負荷率と，各需要家の需要率および需要家間の不等率との関係についての記述として，正しいのは次のうちどれか.

ただし，設備容量の合計および総使用電力量は一定とし，また，各需要家の需要率はいずれも等しいものとする．

(1) 不等率に比例し，需要率に反比例する．

(2) 不等率に比例し，需要率に関係しない．

(3) 不等率および需要率両方に比例する．

(4) 需要率に比例し，不等率に反比例する．

(5) 需要率に比例し，不等率には関係しない．

問4 自家用電気工作物の負荷設備容量が 600 kW，需要率が 0.6 であるとき，この自家用電気工作物が必要とする受電設備容量の値 〔kV·A〕として，最も近いのは次のうちどれか．

ただし，負荷設備の総合力率は，0.8 とする．

(1) 288　　(2) 360　　(3) 450　　(4) 480　　(5) 500

問5 最大電力 6 000 kW，遅れ力率 60 ％の負荷と最大電力 4 000 kW，進み力率 80 ％の二つの負荷に供給している変電所がある場合，次の(a)および(b)に答えよ．

ただし，不等率は 1 とする．

(a) この変電所において，総合負荷が最大となる時刻における無効電力の値〔kvar〕として，最も近いのは次のうちどれか．

　(1) 5 000　　(2) 6 000　　(3) 7 000

　(4) 8 000　　(5) 9 000

(b) 総合負荷が最大となる時刻における総合力率（遅れ）の値〔％〕として，最も近いのは次のうちどれか．

　(1) 75　　(2) 79　　(3) 84　　(4) 90　　(5) 95

---

〔29〕負荷率，需要率，不等率について知ろう

法規 〔30〕 → 負荷率，需要率，不等率を使った計算に挑戦

やさしい問題

設備容量，需要率および日負荷率が下記のような A，B，および C の三つの需要家があり，需要家間の不等率は 1.2 である．

需要家	設備容量〔kW〕	需要率〔%〕	日負荷率〔%〕
A	100	60	50
B	80	50	40
C	150	40	50

これら需要家の負荷を総合したときの，(ア)合成最大電力の値〔kW〕と(イ)日電力量の値〔kW·h〕の組合せとして，最も近いのは次のうちどれか．

	(ア)	(イ)
(1)	133	1 550
(2)	133	1 820
(3)	145	1 820
(4)	145	2 120
(5)	157	2 120

要点

負荷率，需要率，不等率を組み合わせて，合成の負荷率や設備総合力率等を求める問題は，B問題で毎年繰り返し出題されている．この項では，例題を中心として学習する．

詳しい解説

(1) 本問について考えよう

"法規〔29〕"で学んだ基本事項を思い出しながら，さっそく本問を解いてみよう．

① 各需要家（各負荷）の最大電力（最大需要電力）を求める．

A需要家の最大電力＝需要率×設備容量

$$=0.6 \times 100 = 60\,\text{kW}$$

同様に，

B 需要家の最大電力$=0.5 \times 80 = 40\,\text{kW}$

C 需要家の最大電力$=0.4 \times 150 = 60\,\text{kW}$

② 合成最大電力（合成最大需要電力）を求める．

$$合成最大電力 = \frac{各需要家の最大電力の和}{不等率}$$

$$= \frac{60+40+60}{1.2} = 133\,\text{kW}$$

③ 各需要家の平均電力（平均需要電力）を求める．

$$平均電力 = 負荷率 \times 最大電力$$

であるから，

A 需要家の平均電力$=0.5 \times 60 = 30\,\text{kW}$

B 需要家の平均電力$=0.4 \times 40 = 16\,\text{kW}$

C 需要家の平均電力$=0.5 \times 60 = 30\,\text{kW}$

④ 総合した日電力量を求める．

総合した平均電力$=30+16+30=76\,\text{kW}$

日電力量は，1 日が 24 時間であるから，

日電力量$=24 \times 76 = 1\,824 \fallingdotseq 1\,820\,\text{kW·h}$

以上の説明から，**正解は(2)となる.**

(2) 例題により理解を深めよう

例題　ある変電所において，図示のような日負荷曲線を有する三つの負荷 a，b，c に電力を供給しているとき，(ア) a，b，c 間の不等率の値，(イ)変電所の変圧器の最小容量の値〔kV·A〕の組合せとして，最も近いのは次のうちどれか．ただし，最大電力発生時の力率を 0.9とする．

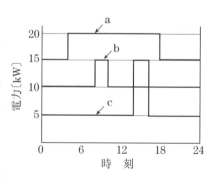

	(ア)	(イ)
(1)	1.11	50
(2)	1.11	75
(3)	1.25	30
(4)	1.25	50
(5)	1.25	75

＜解法＞ ① 合成最大電力を求める.

合成最大電力は，図より，③の時間帯で最大となり，その値は 45 kW である.

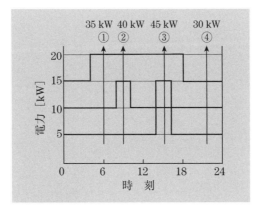

「不等率は1以上」

アレー…

② 不等率を求める.

$$不等率 = \frac{各負荷の最大電力の和}{合成最大電力}$$

$$= \frac{20+15+15}{45} = 1.11$$

③ 変圧器の最小必要とする容量を求める.

変圧器の最小容量〔kV·A〕は,合成最大電力が45kW,そのときは力率は0.9であるから,

$$変圧器容量 = \frac{45}{0.9} = 50\ \text{kV·A}$$ 　　　　**正解**　(1)

例題2　A,B,C,DおよびE
の五つの需要家を図のように2
群に分け,各群ごとに別個の変
圧器 T_1 および T_2 で電気を供給
している.需要家ごとの負荷設

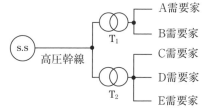

備容量,需要率,負荷率ならびに需要家間および変圧器間の不等率は,
下表のとおりである.

供給変圧器	需要家	負荷設備容量〔kW〕	需要率〔%〕	負荷率〔%〕	不等率 需要家間	不等率 変圧器間
T_1	A	15	70	50	1.3	1.1
T_1	B	10	80	60	1.3	1.1
T_2	C	20	90	50	1.2	1.1
T_2	D	15	80	60	1.2	1.1
T_2	E	5	70	70	1.2	1.1

この場合,高圧幹線の総合負荷率の値〔%〕として,最も近いのは
次のうちどれか.ただし,負荷の力率は100%とする.

(1)　55　　(2)　60　　(3)　65　　(4)　70　　(5)　75

＜解法＞　一見複雑そうであるが,**順序だてて考えればよい**.負荷率
は,平均電力と最大電力の比で表されるので,**高圧幹線からみた平均
電力は,各需要家の平均電力の和**をとり,また,**最大電力は,需要家,**

変圧器，高圧幹線の順に不等率を考えながら算出すれば，総合の負荷率が求まる．

図を使って解いてみよう．

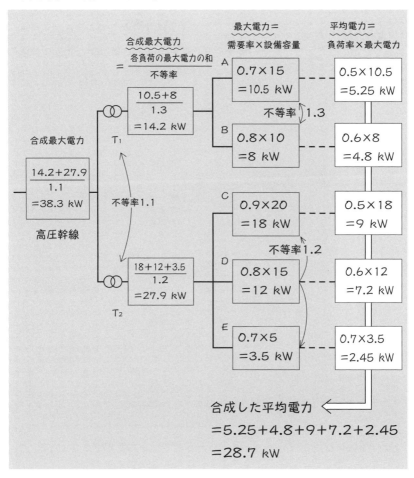

以上より，総合負荷率は，

$$総合負荷率 = \frac{合成平均電力}{合成最大電力} \times 100 = \frac{28.7}{38.3} \times 100 = 75\,\%$$

正解 (5)

負荷率，需要率，不等率を使った計算は，例題やチャレンジ問題をとおして確実に身に付けよう．

さあ，最後の実力チェックです！

問1 A，B，Cの3需要家がある．その設備容量および需要率はそれぞれ，Aは4000kW，70％，Bは5000kW，50％，およびCは7000kW，60％である．また1年間の消費電力量の総計は43274 MW·h である．

各需要家間の不等率を1.25とすれば，これに電力を供給する変電所の年負荷率の値〔％〕として，最も近いのは次のうちどれか．

(1) 40　　(2) 45　　(3) 55　　(4) 65　　(5) 75

問2 ある変電所において，図のような日負荷特性を有する三つの負荷群A，BおよびCに電力を供給している．この変電所に関して，次の(a)および(b)の問に答えよ．

ただし，負荷群A，BおよびCの最大電力は，それぞれ6500kW，4000kWおよび2000kWとし，また，負荷群A，BおよびCの力率は時間に関係なく一定で，それぞれ100％，80％および60％とする．

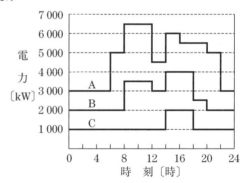

(a) 不等率の値として，最も近いのは次のうちどれか．

　　(1) 0.98　　(2) 1.00　　(3) 1.02　　(4) 1.04　　(5) 1.06

(b) 最大負荷時における総合力率の値〔％〕として，最も近いのは次のうちどれか．

　　(1) 86.9　　(2) 87.7　　(3) 90.4　　(4) 91.1　　(5) 94.1

法 規 〔31〕 コンデンサを用いる計算に挑戦

やさしい問題

20 000 kV·A，遅れ力率 80 ％の負荷に電力を供給
している変電所がある．負荷と並列に，4 000 kvar
のコンデンサを設置して力率を改善すれば，変圧
器にかかる負荷の値〔kV·A〕として，最も近いのは次のうちどれか．

(1) 16 500　　(2) 17 000　　(3) 17 900

(4) 18 900　　(5) 19 200

要点
コンデンサを負荷と並列に接続して力率を改善すれ
ば，皮相電力（電流）が減少するので，線路の電力損
失や電圧降下を改善することができる．この項では，
力率改善のための必要コンデンサ容量，コンデンサ設
置による線路損失の軽減計算および電圧改善計算について学習する．

詳しい解説

(1) 力率改善について考えてみよう

負荷と並列にコンデンサを接続すると全体を
みた力率が改善できる．

いま，

負荷の有効電力：P〔kW〕

負荷の無効電力：Q〔kvar〕

負荷の皮相電力：S_0〔kV·A〕

負荷の力率：$\cos\theta_0$

とすると，ベクトル図は右図で示さ
れる．

ただし，負荷の無効電力は，遅れ
力率としている．

ここで，コンデンサ Q_C〔kvar〕

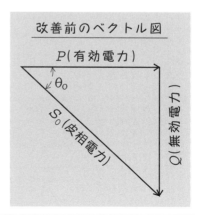

改善前のベクトル図

P（有効電力）

θ_0

S_0（皮相電力）

Q（無効電力）

を負荷と並列に接続することにより，全体の力率が $\cos\theta_1$，全体の皮相電力が S_1 〔kV·A〕になったとすると，ベクトル図は次のようになる．

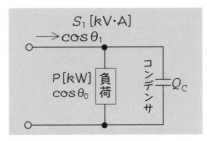

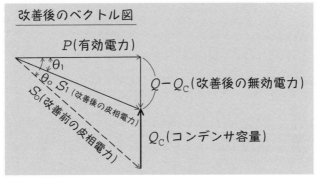

コンデンサの無効電力は，進み無効電力であるため，遅れ力率の負荷の無効電力とは方向が反対となるので，全体（線路）からみた無効電力はコンデンサ容量分だけ減少する．

さて，**コンデンサ容量** Q_C 〔kvar〕を求めてみよう．

ベクトル図より，

$$Q_C = P\,(\tan\theta_0 - \tan\theta_1) \ \text{〔kvar〕}$$

または，

$$\tan\theta_0 = \frac{\sin\theta_0}{\cos\theta_0} = \frac{\sqrt{1-(\cos\theta_0)^2}}{\cos\theta_0}$$

$$\tan\theta_1 = \frac{\sin\theta_1}{\cos\theta_1} = \frac{\sqrt{1-(\cos\theta_1)^2}}{\cos\theta_1}$$

であるので，

$$Q_C = P\left(\frac{\sqrt{1-(\cos\theta_0)^2}}{\cos\theta_0} - \frac{\sqrt{1-(\cos\theta_1)^2}}{\cos\theta_1}\right)\{\text{kvar}\}$$

〔31〕コンデンサを用いる計算に挑戦

あるいは，皮相電力を用いて，

$$Q_C = S_0 \sin\theta_0 - S_1 \sin\theta_1 \ [\mathrm{kvar}]$$

等の式で表せる．

(2) それでは**本問**について考えよう

改善前の無効電力〔kvar〕は，

$$Q = 20\,000 \times \sin\theta_0$$

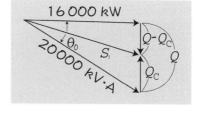

$$= 20\,000 \times \sqrt{1 - \left(\cos\theta_0\right)^2}$$

$$= 20\,000 \times \sqrt{1 - 0.8^2}$$

$$= \mathbf{12\,000}\ \mathrm{kvar}$$

改善後の無効電力（$Q - Q_C$）〔kvar〕は，

$$Q - Q_C = \mathbf{12\,000} - \mathbf{4\,000}$$

$$= \mathbf{8\,000}\ \mathrm{kvar}$$

改善後の皮相電力 S_1〔kV·A〕（つまり，変圧器にかかる負荷）は，

$$負荷の有効電力 = 20\,000 \times 0.8 = 16\,000\ \mathrm{kW}$$

であるから，

$$S_1 = \sqrt{16\,000^2 + 8\,000^2} = \sqrt{5} \times 8\,000$$

$$\fallingdotseq 17900\ \mathrm{kV·A}$$

以上の説明から，**正解は**(3)となる．

「コンデンサは万能です」

電圧降下　電力損失　電気料金減低　力率改善　コンデンサ

(3) 線路損失の軽減について考えよう

コンデンサ設置による線路損失の軽減問題を考えてみよう.

例題 変電所から高圧三相3線式の専用架空電線路で受電している
工場がある. 電線路1条当たりの抵抗およびリアクタンスは, それぞ
れ, 0.5 Ω および 2 Ω である. また, 工場の受電電圧は 6 600 V, 負荷
は 2 000 kW で, 力率は遅れ力率 80 % であるという. この負荷と並列
に 500 kvar のコンデンサを設置したとすれば, 架空電線路の損失電
力軽減量の値 [kW] として, 最も近いのは次のうちどれか.

ただし, 受電電圧は一定に保たれるものとする.

(1) 12 　(2) 14 　(3) 16 　(4) 18 　(5) 20

<解法> コンデンサ設置前後の線路電流を I_0, I_1 とすると, 電力損
失軽減量 ΔW は,

$$\Delta W = 3(I_0)^2 r - 3(I_1)^2 r$$

で与えられる.

① コンデンサ設置前について考える.

(ｱ) 電流 I_0 [A] を求める.

$$I_0 = \frac{2000 \times 10^3}{\sqrt{3} \times 6600 \times 0.8} = 218.7 \text{ A}$$

(ｲ) 電力損失 W_1 [kW] を求める.

三相分の電力損失 W_1 [kW] は,

$$\begin{aligned} W_1 &= 3(I_0)^2 r \\ &= 3 \times 218.7^2 \times 0.5 \times 10^{-3} \\ &= 71.7 \text{ kW} \end{aligned}$$

② コンデンサ設置後について考える.

負荷の無効電力は,

$$2000 \times \tan\theta_0 = 2000 \times \frac{\sqrt{1-0.8^2}}{0.8}$$

$$= 1500 \text{ kvar}$$

コンデンサ設置により, 線路の無効電力は,

線路無効電力 = 1500 - 500 = 1 000 kvar

したがって，線路の皮相電力 S_1
〔kV·A〕は，

$$S_1 = \sqrt{2\,000^2 + 1\,000^2}$$
$$= \sqrt{5} \times 1\,000$$
$$= 2\,236 \text{ kV·A}$$

以上より，

(ア)　線路電流 I_1 〔A〕を求めると，

$$I_1 = \frac{2\,236 \times 10^3}{\sqrt{3} \times 6\,600} = 196 \text{ A}$$

(イ)　電力損失 W_1' 〔kW〕を求めると，

$$W_1' = 3 \times 196^2 \times 0.5 \times 10^{-3}$$
$$= 57.6 \text{ kW}$$

(ウ)　損失電力軽減量 ΔW 〔kW〕を求める．

$$\Delta W = W_1 - W_1'$$
$$= 71.7 - 57.6 = 14.1 \text{ kW}$$

正解　(2)

(4)　**電圧降下の改善について考えよう**

コンデンサ設置による電圧降下の改善問題を考えてみよう．

例題　電気事業者の変電所から，特別高圧三相3線式の専用架空線で受電している工場がある．この架空線の1条当たりの抵抗およびリアクタンスは，それぞれ 2Ω および 5Ω である．工場の負荷は，$50\,000 \text{ kW}$，力率 60%（遅れ）であり，受電電圧は $70\,000 \text{ V}$ であるという．この受電電圧を $72\,000 \text{ V}$ に改善するために設置すべきコンデンサ容量の値〔kvar〕として，最も近いのは次のうちどれか．

ただし，工場の負荷および変電所出口電圧は一定に保たれているものとする．

(1)　26 300　　(2)　26 800　　(3)　27 300
(4)　27 800　　(5)　28 300

＜解法＞　①　変電所出口電圧を求める．

変電所出口電圧 V_S 〔V〕は，次の式で表される（三相3線式）．

$$V_S = V_R + \sqrt{3}I_0(r\cos\theta_0 + x\sin\theta_0)$$

受電電圧　電流　　　力率　　　無効率
　　　　　　　　抵抗　リアクタンス

ところで，

$$I_0 = \frac{50\,000\times10^3}{\sqrt{3}\times70\,000\times0.6} = 687.3 \text{ A}$$

であるので，

$$V_S = 70\,000 + \sqrt{3}\times687.3\times\left(2\times0.6 + 5\times\sqrt{1-0.6^2}\right)$$
$$= 76\,190 \text{ V}$$

② コンデンサ設置後について考える．

力率を改善して，負荷電流が I_1〔A〕，力率が $\cos\theta_1$ になったとすると，次の式が成り立つ（受電電圧は 72\,000 V である）．

$$V_S = 72\,000 + \sqrt{3}I_1(r\cos\theta_1 + x\sin\theta_1)$$

この式に，

$$V_S = 76\,190, \quad r=2, \quad x=5, \quad I_1 = \frac{50\,000\times10^3}{\sqrt{3}\times72\,000\times\cos\theta_1}$$

を代入すると，

$$76\,190 = 72\,000 + \sqrt{3}\times\frac{50\,000\times10^3}{\sqrt{3}\times72\,000\times\cos\theta_1}\times(2\times\cos\theta_1 + 5\times\sin\theta_1)$$

整理すると，

$$4\,190 = 1\,388.9 + 3\,472.2\times\frac{\sin\theta_1}{\cos\theta_1}$$

$\tan\theta_1 = \dfrac{\sin\theta_1}{\cos\theta_1}$ であるから，上式より $\tan\theta_1$ を求めると，

$$\tan\theta_1 = 0.807$$

③ コンデンサ容量 Q_C〔kvar〕を求める．

次図より，Q_C は，

$$Q_C = 50\,000\times(\tan\theta_0 - \tan\theta_1)$$

---

〔31〕コンデンサを用いる計算に挑戦

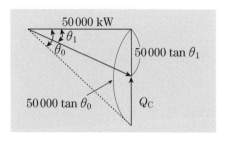

$$\tan\theta_0 = \frac{\sin\theta_0}{\cos\theta_0} = \frac{\sqrt{1-0.6^2}}{0.6} = 1.333$$

であるので，

$$Q_{\mathrm{C}} = 50\,000 \times (1.333 - 0.807)$$
$$= 26\,300\,\mathrm{kvar}$$

正解 (1)

コンデンサ設置による電力損失の軽減および電圧改善計算は少し難易度の高い問題であるから，解答例のように順序だてて解く方法を覚えよう．

 チャレンジ問題

さあ，最後の実力チェックです！

問1 2000 kW，遅れ力率 0.8 の負荷に電力を供給している三相3線式配電線路があり，線路の電力損失は，100 kW である．この負荷と並列に 500 kvar のコンデンサを施設した場合，次の(a)および(b)に答えよ．ただし，負荷端の電圧は一定に保たれるものとする．

(a) 負荷との合成の皮相電力の値 〔kV・A〕 として，最も近いのは次のうちどれか．

    (1) 1 800　　(2) 1 900　　(3) 2 000

    (4) 2 100　　(5) 2 200

(b) 線路損失の軽減量の値〔kW〕として，最も近いのは次のうちどれか．

    (1) 17　　(2) 20　　(3) 23　　(4) 26　　(5) 29

問2 変電所から高圧三相3線式1回線の専用配電線路で受電している需要家がある．この配電線路の電線1条当たりの抵抗およびリアクタンスは，それぞれ 0.5Ω および 1Ω である．この需要家の負荷は，$2\,000\,\text{kW}$，力率80%（遅れ）で，一定であるとする．変電所の引出口の電圧が，$6\,900\,\text{V}$ のとき，需要家側にコンデンサを設置して，需要家の引込口の電圧を $6\,600\,\text{V}$ 以上にする場合，次の(a)および(b)に答えよ．

(a) コンデンサを設置して力率角を θ_1 に改善した場合，正接（tan θ_1）の値として，最も近いのは次のうちどれか．

    (1) 0.29   (2) 0.39   (3) 0.49   (4) 0.59   (5) 0.69

(b) コンデンサの必要容量の値〔kvar〕として，最も近いのは次のうちどれか．

    (1) 520   (2) 750   (3) 900   (4) 1280   (5) 1560

問3 定格容量 $500\,\text{kV·A}$ の三相変圧器に $300\,\text{kW}$（遅れ力率0.6）の平衡三相負荷が接続されている．これに新たに $80\,\text{kW}$（遅れ力率0.8）の平衡三相負荷を追加接続する場合について，次の(a)および(b)に答えよ．

(a) コンデンサを設置していない状態で，新たに負荷を追加した場合の合成負荷の力率として，最も近いのは次のうちどれか．

    (1) 0.64   (2) 0.70   (3) 0.73

    (4) 0.75   (5) 0.77

(b) 新たに負荷を追加した場合，変圧器が過負荷運転とならないために設置するコンデンサ設備の必要最小の定格設備容量の値〔kvar〕として，最も適切なのは次のうちどれか．

    (1) 50   (2) 100   (3) 150

    (4) 200   (5) 300

法 規 〔32〕 → 短絡電流と過電流継電器 の計算に挑戦

やさしい問題

　図のような自家用電気工作物の構内で三相短絡事故が発生した場合に，事故地点に流れる三相短絡電流の値〔kA〕として，最も近いのは次のうちどれか．

　ただし，受電電圧 6.6 kV，短絡地点より電源側のパーセント短絡インピーダンスは 10 MV・A 基準で 10 ％とする．

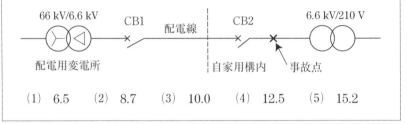

　(1)　6.5　　(2)　8.7　　(3)　10.0　　(4)　12.5　　(5)　15.2

要点

　自家用構内などで，短絡事故が発生すると短絡電流が流れる．その電流は電力会社の発電所から送電線，配電用変電所および配電線を経由して流れることとなるが，事故点までのインピーダンスに制限された電流の大きさとなる．

　ここでは，％インピーダンス法（％ Z）による，短絡電流の計算と短絡電流が発生したときに，いち早く事故を検出して遮断器を動作させる過電流継電器について学習する．

詳しい解説　　(1)　％ Z 法による短絡電流の計算を考えてみよう

　％ Z 法による計算の利点は，発電機，送電線，変圧器，配電線などの電圧が異なっても，合成の％ Z は，抵抗分が無視できるか，あるいは，各部の抵抗とリアクタンスの比が同じであれば，それぞれの値を単純に加算して算出できる点にある．ただし，その際には，基準容量（一般に 10 MV・A）ベースに％ Z をそれぞれ換算しておく必要がある．

〔32〕短絡電流と過電流継電器の計算に挑戦

次の回路により，短絡電流を計算してみよう.

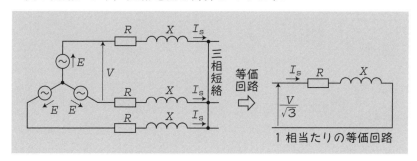

図において，三相短絡電流 I_s は，短絡地点より電源側の抵抗を R 〔Ω〕，リアクタンスを X 〔Ω〕，線間電圧を V 〔V〕とすると，

$$I_s = \frac{\dfrac{V}{\sqrt{3}}}{\sqrt{R^2+X^2}} = \frac{V}{\sqrt{3}\,Z} \ \ \text{A} \tag{1}$$

ここで，基準容量における定格電流を I_n 〔A〕とすると，

$$\%Z = \frac{\sqrt{3}\,I_n Z}{V}\times 100 \ \ \%$$

であるので，

$$\frac{1}{Z} = \frac{\sqrt{3}\,I_n \times 100}{\%ZV}$$

を(1)式に代入して I_s を求めると，

$$\boldsymbol{I_s = I_n \times \frac{100}{\%Z}} \ \ \boldsymbol{\text{A}} \tag{2}$$

(2)式が，%Z 法による短絡電流を求める式となる.

(2) それでは本問について考えよう

10 MV·A 基準の定格電流 I_n 〔kA〕は，

$$I_n = \frac{10}{\sqrt{3}\times 6.6} \fallingdotseq 0.87 \ \text{kA}$$

三相短絡電流 I_s 〔kA〕は，

$$I_s = I_n \times \frac{100}{\%Z}$$

〔32〕短絡電流と過電流継電器の計算に挑戦

より，

$$I_\text{s} = 0.87 \times \frac{100}{10} = 8.7 \text{ kA}$$

以上の説明から，**正解は(2)となる.**

(3) 過電流継電器について考えよう

過電流継電器は，変流器（CT）の二次側に接続されており，電流整定値以上の電流が流れた場合に動作し，遮断動作を遮断器に伝えるものである.

動作時間は，ダイヤル整定値（タイムレバー位置）を変えることにより適切な値にすることができる.

例題　図のような自家用電気設備の構内に設置してある三相3線式 500 kV·A 変圧器の二次側で，三相短絡事故が発生した場合に，CB2 の過電流継電器（OCR）の動作時間〔s〕として，最も近いのは次のうちどれか.

ただし，ダイヤル整定値 10 における限時特性図は，図のとおりとし，系統の各定数は次のとおりとする.

・CB2 より電源側の% Z_l　30 %（10 MV·A ベース），変圧器の% Z_t　5 %（500 kV·A ベース）
・CT の変流比　75 A/5 A
・OCR の電流整定値　5 A
・ダイヤル整定値　3（ダイヤル整定値と動作時間は比例するものとする）

なお，インピーダンスはすべてリアクタンス分のみとし，その他の定数は無視する.

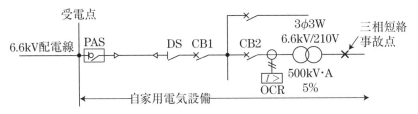

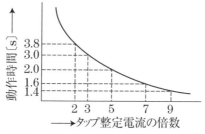

ダイヤル整定値10における限時特性図

(1) 0.42　　(2) 0.48　　(3) 0.60　　(4) 0.90　　(5) 1.14

＜解法＞ ①　変圧器を含めた％短絡インピーダンスを求める.

変圧器を 10 MV·A ベースに換算した ％Z_t' は,

$$\%Z_\mathrm{t}' = 5 \times \frac{10}{0.5} = 100 \ \%$$

したがって, 短絡地点までの ％Z は,

$$\%Z = \%Z_1 + \%Z_\mathrm{t}' = 30 + 100 = 130 \ \%$$

②　短絡電流を求める.

変圧器一次側の定格電流 I_n 〔A〕は, 基準容量が 10 MV·A であるので,

$$I_\mathrm{n} = \frac{10 \times 10^3}{\sqrt{3} \times 6.6} = 875 \ \mathrm{A}$$

したがって, 変圧器一次側の短絡電流 I_s1 〔A〕は,

$$I_\mathrm{s1} = I_\mathrm{n} \times \frac{100}{\%Z} = 875 \times \frac{100}{130} \fallingdotseq 673 \ \mathrm{A}$$

③　タップ整定電流の倍数を求める.

CT の二次側電流 I_2 〔A〕は, 変流比が 75/5 より,

$$I_2 = 673 \times \frac{5}{75} \fallingdotseq 45 \ \mathrm{A}$$

したがって, タップ値に対する倍数 n は,

$$n = \frac{45}{5} = 9$$

限時特性図より, 9 倍ではダイヤル整定値 10 で動作時間が 1.4 s であるので, ダイヤル整定値 3 の位置における過電流継電器の動作時間

〔32〕短絡電流と過電流継電器の計算に挑戦

T 〔s〕は,

$$T = 1.4 \times \frac{3}{10} = 0.42 \text{ s}$$

正解 (1)

　　パーセント抵抗とパーセントリアクタンスが各系統ごとにそれぞれ与えられた場合は,抵抗分を合計したものを p 〔%〕,リアクタンス分を合計したものを q 〔%〕とすると,合成の%短絡インピーダンス%Zは,

$$\%Z = \sqrt{p^2 + q^2} \ \%$$

となる.

 # チャレンジ問題

さあ,最後の実力チェックです!

問1　6.6 kV の配電線より受電している自家用電気工作物がある.自家用電気工作物の構内に設置してある三相 1000 kV·A の変圧器の二次側で三相短絡事故が発生した場合に流れる短絡電流の値〔kA〕として,最も近いのは次のうちどれか.

　ただし,系統の各定数は次のとおりとし,インピーダンスはリアクタンス分のみとする.

・短絡前の変圧器二次側電圧　210 V
・変圧器のパーセント短絡インピーダンス　4 %（1000 kV·A 基準）
・変圧器より電源側のパーセント短絡インピーダンス　10 %（10 MV·A 基準）

(1)　35　　(2)　40　　(3)　45　　(4)　50　　(5)　55

問2　図は,6600 V で受電する自家用電気工作物の一部である.受電室の三相 750 kV·A の二次側（210 V）の F1 または F2 点で三相短絡事故が発生した場合,次の(a)および(b)に答えよ.

　ただし,系統の各定数は次のとおりとし,その他の定数は無視する.

・短絡前の変圧器一次側電圧　6600 V,二次側電圧　210 V
・変圧器のパーセントリアクタンス　6 %（750 kV·A 基準）

〔32〕短絡電流と過電流継電器の計算に挑戦

- 変圧器より電源側のパーセント抵抗　5％（10 MV・A 基準）
- 変圧器より電源側のパーセントリアクタンス　12％（10 MV・A 基準）
- 過電流継電器用 CT の変流比　100 A/5 A

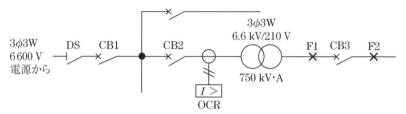

(a) F2 点で三相短絡事故が発生した場合には，CB3（配線用遮断器）が最も早く動作するが，CB3 の遮断容量の値〔kA〕として，最も適切なものは次のうちどれか.

　ただし，三相短絡電流の直近上位の遮断容量〔kA〕を選ぶものとする.

　(1)　25　　(2)　35　　(3)　42　　(4)　50　　(5)　85

(b) F1 点で三相短絡事故が発生した場合には，過電流継電器が動作し，CB2 を遮断させるが，この過電流継電器の動作時間の値〔秒〕として，最も近いのは次のうちどれか.

　ただし，OCR の動作時間演算式は $T = \dfrac{80}{(N^2-1)} \times \dfrac{D}{10}$ 〔秒〕とする. この演算式における T は OCR の動作時間〔秒〕，N は OCR の電流整定値に対する入力電流値の倍数を示し，D はダイヤル（時限）整定値である.

　また，OCR は電流整定値 4 A，ダイヤル（時限）整定値 4 とする.

　(1)　0.05　　(2)　0.12　　(3)　0.23　　(4)　0.35　　(5)　0.40

---

〔32〕短絡電流と過電流継電器の計算に挑戦

法　規〔33〕 地絡電流および高調波電流の計算問題を学んで終了

　　図に示すような線間電圧 V〔V〕，周波数 f〔Hz〕の対称三相3線式低圧電路があり，変圧器二次側の一端子に B 種接地工事が施されている．この電路の1相当たりの対地静電容量を C〔F〕，B 種接地工事の接地抵抗値を R_{B}〔Ω〕とするとき，B 種接地工事の接地線に常時流れる電流 I_{B}〔A〕の大きさを表す式として，正しいのは次のうちどれか．

　　ただし，上記以外のインピーダンスは無視するものとする．

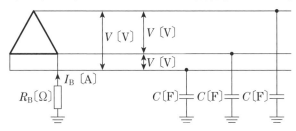

(1) $\dfrac{V}{\sqrt{3R_{\mathrm{B}}^2 + \dfrac{1}{12\pi^2 f^2 C^2}}}$

(2) $\dfrac{V}{\sqrt{R_{\mathrm{B}}^2 + \dfrac{1}{36\pi^2 f^2 C^2}}}$

(3) $\dfrac{V}{\sqrt{3R_{\mathrm{B}}^2 + \dfrac{3}{4\pi^2 f^2 C^2}}}$

(4) $\dfrac{V}{\sqrt{R_{\mathrm{B}}^2 + \dfrac{1}{4\pi^2 f^2 C^2}}}$

(5) $\dfrac{V}{\sqrt{\dfrac{3}{R_{\mathrm{B}}^2} + 108\pi^2 f^2 C^2}}$

要点

　地絡時の電流計算や高調波（〔25〕に記載）の拡大防止のために進相コンデンサに接続する直列リアクトルに関する問題などを最後に学ぶこととする.

　低圧回路のB種接地線に常時流れる電流や低高圧回路で地絡現象が発生したときに流れる電流は，テブナンの定理を用いれば比較的に簡単に求められる.

　また，高調波発生機器から発生する高調波電流（電流源）は，電流源からみて，他の負荷が並列に接続されているものとして計算できることを学習する.

詳しい解説

1. 地絡電流（接地線に流れる電流）の計算

　この問題は，接地抵抗値 R_B で電路が地絡したものとして考え，テブナンの定理を使って解けばよい.

(1) テブナンの定理について考えてみよう

　図(a)のように，電源を持っている回路がある.

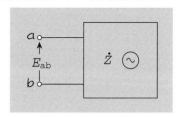

図(a)

　ab 開放端子の基準電圧を E_{ab}，ab 開放端子間のインピーダンスを $\dot{Z}$ とする.いま，ab 端子に図(b)のように抵抗 R を接続したとき，テブナンの定理によれば抵抗 R に流れる電流 I は，

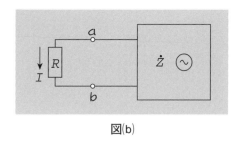

図(b)

$$I = \frac{E_{ab}}{|R + \dot{Z}|}$$

となる.

〔33〕地絡電流および高調波電流の計算問題を学んで終了

以上の考えを等価的に示せば，図(c)のとおりである．

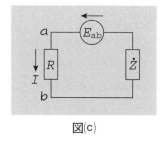

図(c)

⑵　それでは本問について考えよう

求める電流の回路を切り離してその端子より見た回路は，下図の回路となる．

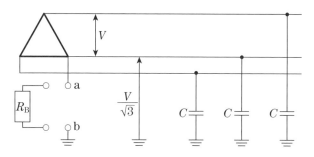

①　ab 間のインピーダンス $\dot{Z}$

ab 間のインピーダンスは，電源のインピーダンスが零であるので（題意により無視），電源回路は三相短絡と同じ状態である．したがって，インピーダンス $\dot{Z}$ は，対地静電容量が並列となるので，

$$\dot{Z} = \frac{1}{j\omega 3C} \ \Omega \ = -j\frac{1}{6\pi f C} \ \Omega$$

②　ab 間の電圧

ab 間の電圧は Y 回路である対地静電容量の中性点が接地された回路となっているので，ab 間の基準電圧 E_{ab} は，相電圧になるので，

$$E_{ab} = \frac{V}{\sqrt{3}} \ V$$

③　B 種接地線（抵抗 R_B）に流れる電流の大きさ I_B〔A〕を求め

〔33〕地絡電流および高調波電流の計算問題を学んで終了

こう描けば
ab間の電圧は
相電圧になることが
分かるな〜

る

テブナンの定理より，

$$I_{\mathrm{B}} = \frac{\dfrac{V}{\sqrt{3}}}{\left| R_{\mathrm{B}} - \mathrm{j}\dfrac{1}{6\pi fC} \right|} = \frac{V}{\sqrt{3} \times \sqrt{R_{\mathrm{B}}^2 + \dfrac{1}{(6\pi fC)^2}}}$$

$$= \frac{V}{\sqrt{3R_{\mathrm{B}}^2 + \dfrac{1}{12\pi^2 f^2 C^2}}} \ \ \mathrm{A}$$

以上の説明から，**正解は**(1)となる.

2. 高調波電流の計算

例題により系統に流出する高調波電流を計算してみよう．

例題 図のように三相3線式配電線路から6600Vで受電している需要家がある．

この需要家の三相6600V高調波発生機器から流出する第5調波電流が2Aのとき，配電系統に流出する第5調波電流の値〔A〕として最も近いものを次の(a)および(b)の場合について求めよ．

〔33〕地絡電流および高調波電流の計算問題を学んで終了

ただし，基本波に対する各部のインピーダンスは 10 MV·A 基準で次のとおりとする.

　受電点から電源側のインピーダンス……j20 %

　コンデンサのインピーダンス……………−j3 000 %

　直列リアクトルのインピーダンス………コンデンサのインピーダ
　　　　　　　　　　　　　　　　　　　　　　　　ンスの 6 %

なお，その他のインピーダンスは無視するものとする.

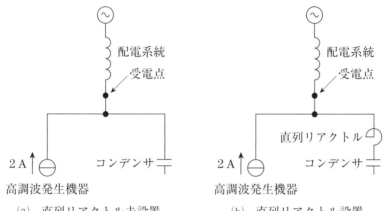

　(a)　直列リアクトル未設置　　　　　　(b)　直列リアクトル設置

(a)　直列リアクトルが未設置のときに系統に流出する第 5 調波電流
　　の値〔A〕

　　(1)　1.2　　(2)　1.5　　(3)　1.8　　(4)　2.0　　(5)　2.4

(b)　直列リアクトルを設置したときに系統に流出する第 5 調波電流
　　の値〔A〕

　　(1)　1.2　　(2)　1.5　　(3)　1.8　　(4)　2.0　　(5)　2.4

＜解法＞

(a)　直列リアクトルが未設置のとき

　高調波発生機器からみた等価回路は，配電系統とコンデンサ設備と
は並列回路とみなされる.

　また，第 5 調波に対する誘導リアクタンスは基本波の 5 倍，容量リ
アクタンスは基本波の 1/5 倍であるので，次図のとおりとなる.

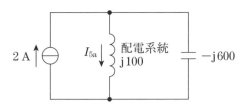

したがって，系統に流出する第5調波電流 I_{5a} は，分流の法則より，

$$I_{5a} = \left| \frac{-j600}{j100 - j600} \right| \times 2 = 2.4 \text{ A}$$

正解　(5)

(b)　直列リアクトルを設置したとき

直列リアクトルは題意により，コンデンサのインピーダンスの6 %であるので，第5調波に対するインピーダンスは，

$$\text{直列リアクトルのインピーダンス} = j3000 \times 0.06 \times 5$$
$$= j900 \text{ %}$$

第5調波に対する等価回路は，次図となる．

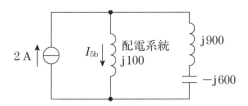

系統に流出する第5調波電流 I_{5b} は，

$$I_{5b} = \left| \frac{j900 - j600}{j100 + (j900 - j600)} \right| \times 2 = 1.5 \text{ A}$$

正解　(2)

ここが重要!!

①　接地線に流れる電流や地絡時の電流は，テブナンの定理で求めることができる．

②　例題で分かるとおり，直列リアクトル付きコンデンサ設備とすることにより，高調波電流が系統に過大に流出すること（いわゆる高調波電流の拡大現象）を防止できる．

〔33〕地絡電流および高調波電流の計算問題を学んで終了

チャレンジ問題

さあ，最後の実力チェックです！

問1 図に示すような，相電圧 E 〔V〕，周波数 f 〔Hz〕の対称三相3線式低圧電路があり，変圧器の中性点に B 種接地工事が施されている．B 種接地工事の接地抵抗値を R_B 〔Ω〕，電路の一相当たりの対地静電容量を C 〔F〕とする．

この電路の絶縁抵抗が劣化により，電路の一相のみが絶縁抵抗値 R_G 〔Ω〕に低下した．このとき，次の(a)および(b)に答えよ．

ただし，上記以外のインピーダンスは無視するものとする．

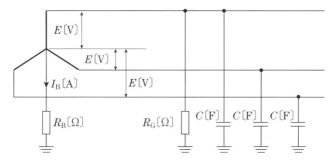

(a) 劣化により一相のみが絶縁抵抗値 R_G 〔Ω〕に低下したとき，B 種接地工事の接地線に流れる電流の大きさを I_B 〔A〕とする．この I_B を表す式として，正しいのは次のうちどれか．

ただし，他の相の対地コンダクタンスは無視するものとする．

(1) $\dfrac{E}{\sqrt{R_B^2 + 36\pi^2 f^2 C^2 R_B^2 R_G^2}}$

(2) $\dfrac{3E}{\sqrt{(R_G + R_B)^2 + 4\pi^2 f^2 C^2 R_B^2 R_G^2}}$

(3) $\dfrac{E}{\sqrt{(R_G + R_B)^2 + 4\pi^2 f^2 C^2 R_B^2 R_G^2}}$

(4) $\dfrac{E}{\sqrt{R_G^2 + 36\pi^2 f^2 C^2 R_B^2 R_G^2}}$

〔33〕地絡電流および高調波電流の計算問題を学んで終了

235

(5) $\dfrac{E}{\sqrt{\left(R_{\mathrm{G}}+R_{\mathrm{B}}\right)^2+36\pi^2 f^2 C^2 R_{\mathrm{B}}^2 R_{\mathrm{G}}^2}}$

(b) 相電圧 E を 100 V，周波数 f を 50 Hz，対地静電容量 C を 0.1 μF，絶縁抵抗値 R_{G} を 100 Ω，接地抵抗値 R_{B} を 15 Ω とするとき，上記(a)の I_{B} の値〔A〕として，最も近いのは次のうちどれか.

   (1) 0.87   (2) 0.99   (3) 1.74

   (4) 2.61   (5) 6.67

問2 三相3線式配電線路から 6600 V で受電している需要家がある．この需要家から配電系統へ流出する第5調波電流を算出するにあたり，次の(a)および(b)に答えよ．

ただし，需要家の負荷設備は定格容量 500 kV・A の三相機器のみで，力率改善用として 6 ％直列リアクトル付コンデンサ設備が設置されており，この三相機器（以下，高調波発生機器という．）から発生する第5調波電流は，負荷設備の定格電流に対し 15 ％とする．

また，受電点よりみた配電線路側の第 n 調波に対するインピーダンスは 10 MV・A 基準で $\mathrm{j}6\times n$〔％〕，コンデンサ設備のインピーダンスは 10 MV・A 基準で $\mathrm{j}50\times\left(6\times n-\dfrac{100}{n}\right)$〔％〕で表され，高調波発生機器は定電流源と見なせるものとし，次のような等価回路で表すことができる．

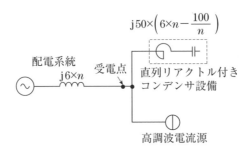

(a) 高調波発生機器から発生する第5調波電流の受電点電圧に換算した電流の値〔A〕として，最も近いのは次のうちどれか.

〔33〕地絡電流および高調波電流の計算問題を学んで終了

(1)　1.3　　(2)　6.6　　(3)　11.4

(4)　32.8　　(5)　43.7

(b)　受電点から配電系統に流出する第5調波電流の値〔A〕として，最も近いのは次のうちどれか.

(1)　1.2　　(2)　6.2　　(3)　10.8

(4)　30.9　　(5)　41.2

問3　図は、線間電圧 6 600 V，周波数 50 Hz の中性点非接地方式の三相3線式高圧配電線路およびある需要設備の高圧地絡保護システムを簡易に示した単線図である.

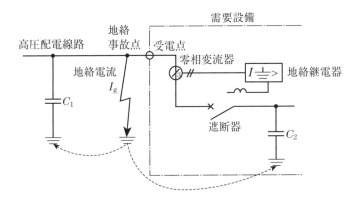

高圧配電線路一相の全対地静電容量を 0.25 μF，需要設備の一相の全対地静電容量を 0.05 μF とする．いま，配電線路側に1線完全地絡事故が発生し，地絡電流 I_g〔A〕が流れたとき，需要設備側の零相変流器に分流する電流の値〔mA〕として，最も近いのは次のうちどれか.

ただし，需要設備側の遮断器は「入」とし，その他の線路定数は全て無視する.

(1)　90　　(2)　180　　(3)　240　　(4)　320　　(5)　40

〈No.1〉

問1 (5)

　電気事業法（以下事業法という）第1条「電気事業法の目的」からの出題である.

　(ア)は運用，(イ)は公共，(ウ)は環境という語句が入る.

問2 (2)

　事業法第38条および電気事業法施行規則（以下施行規則という）第48条「一般用電気工作物の範囲」からの出題である.

　(1)，(3)は600Vを超える電圧で受電しているので，自家用電気工作物である.

　(5)は600V以下の電圧で受電しているが，小規模発電設備の出力合計が52kWとなり，50kW以上となるので自家用電気工作物となる.(4)も自家用電気工作物である.

　(2)は600V以下の電圧で受電しており，また，内燃力発電設備の出力が5kWの小規模発電設備であるので，一般用電気工作物である.

問3 (1)

　事業法第38条第4項の「自家用電気工作物」からの出題である.

　(ア)は小規模発電設備，(イ)は600Vを超える，(ウ)は構内以外という語句が入る.

問4 (4)

　施行規則第38条「電圧及び周波数の値」および電気設備技術基準（以下電技という）第2条「電圧の種別」からの出題である.

　電圧の維持すべき値は，101±6V，202±20Vである.

　周波数の値は，その者が供給する標準周波数に等しい値と規定しており，具体的にいえば東日本地区は50Hz，西日本地区は60Hzとなる.

　電圧は，低圧，高圧および特別高圧に区分されており，低圧は直流

750 V 以下，交流 600 V 以下をいう．高圧は直流にあっては 750 V を，交流にあっては 600 V を超え，7000 V 以下のものをいう．特別高圧は 7000 V を超えるものをいう．

〈No.2〉

問1 (4)

事業法第 40 条「技術基準適合命令」からの出題である．

(ア)は適合，(イ)は設置，(ウ)は一時停止という語句が入る．

なお，ここでいう主務大臣とは経済産業大臣を，主務省令とは経済産業省令を指す．

問2 (2)

施行規則第 50 条第 3 項「保安規程」（自家用電気工作物に係る事項）からの出題である．

(ア)は職務および組織，(イ)は保安教育，(ウ)は保全の方法，(エ)は措置，(オ)は記録という語句が入る．

問3 (4)

事業法第 48 条および施行規則第 66 条「工事計画の事前届出」では，事業用電気工作物の設置，変更の工事で一定規模以上の設備には，工事計画を「工事計画書」，「工事工程表」等の書類を添えて，工事着手 30 日前までに届出ることが義務付けられている．

対象となる電気工作物の抜粋は本文に記載しているので参照願いたいが，需要設備については，工事計画届出対象は電圧 1 万ボルト以上が条件となっている点を注意したい．

以上の点を踏まえれば，(1)，(2)および(3)は対象外である．(4)は 1 万ボルト以上の受電用遮断器の取換え（設置）であるので，工事計画の届出が必要となる．

(注) 20 ％以上の遮断電流の変更を伴うときも届出が必要である．

その他の機器については，容量 1 万 kV・A 以上または出力 1 万 kW 以上の設置（取替え）が対象となる．

(注) 20 ％以上の電圧，容量または出力の変更を伴うときも必要である．

したがって，⑸は工事計画の届出の対象外である．

問4 ⑷

事業法第39条「事業用電気工作物の維持」からの出題である．

㋐は維持，㋑は物件，㋒は磁気という語句が入る．

問5 ⑵

電気関係報告規則第3条第2項「事故報告」からの出題である．

事故報告は，24時間以内の概要報告と30日以内の所定の様式による報告を義務付けている．

問6 ⑸

電気関係報告規則第5条「自家用電気工作物を設置する者の発電所の出力の変更等の報告」からの出題である．

㋐は出力，㋑は電圧，㋒は廃止という語句が入る．

〈No.3〉

問1 ⑴

認定電気工事従事者は，600V以下で使用する最大電力500kW未満の自家用電気工作物に係る電気工事に従事できるので，⑴は正しい．

最大電力500kW未満の自家用電気工作物に係る非常用予備発電装置の電気工事は，非常用予備発電装置工事資格者が従事できるので，⑵は間違っている．

第2種電気工事士は，一般用電気工作物等の電気工事のみ従事できるので，⑶，⑷および⑸は誤りである．

問2 ⑸

電気工事業の業務の適正化に関する法律第2条，第3条，第17条の2「電気工事業者の登録等」からの出題である．

登録電気工事業者は自家用電気工作物および一般用電気工作物等に係る電気工事業を営む者（または一般用電気工作物等に係る電気工事業のみを営む者）をいい，通知電気工事業者は自家用電気工作物のみに係る電気工事業を営む者をいう．

また，2以上の都道府県に営業所を設置する者は経済産業大臣に，

1の都道府県に営業所を設置する者は都道府県知事に登録（登録電気工事業者）あるいは通知（通知電気工事業者）をしなければならない.

以上より, (ア)は登録, (イ)は都道府県知事, (ウ)は自家用という語句が入る.

〈No.4〉

問1 (3)

電気用品安全法第2条第2項「定義」からの出題である.

(ア)は構造, (イ)は危険, (ウ)は障害という語句が入る.

問2 (3)

電気用品安全法第2条第1項および第2項「定義」からの出題である.

(ア)は器具, (イ)は携帯発電機, (ウ)は特定電気用品, (エ)は障害という語句が入る.

問3 (5)

電気用品安全法第27条, 第28条「販売の制限, 使用の制限」からの出題である.

定格電圧が100V以上600V以下のコードは, 小型機器の移動電線等に多く使用されており, 特に危険または障害の発生するおそれが多いので, 特定電気用品に分類されている.

(ア)は特定, (イ)は100, (ウ)は輸入, (エ)は〈PS〉Eという語句または数値が入る.

〈No.5〉

問1 (5)

電技解釈第1条「用語の定義」からの出題である.

「引込線」の定義を除いては, 難解の問題である.

本文に記載しているとおり(ア)は電気使用場所, (イ)は需要場所, (ウ)は造営物, (エ)は工作物という語句が入る.

問2 (3)

電技解釈第1条「用語の定義」からの出題である.

「接触防護措置」，「簡易接触防護措置」は危険箇所等に人が容易に触れないようするための措置である．問題としては，これも難解である．

(ア)は2.3，(イ)は2.5，(ウ)は金属管，(エ)は1.8，(オ)は2という語句または数値が入る．

問3 (2)

電技解釈第49条「電線路に係る用語の定義」からの出題である．

(ア)は側方，(イ)は3，(ウ)は支持物という語句または数値が入る．

問4 (2)

電技第1条および電技解釈第1条「用語の定義」からの出題である．

(ア)は架空，(イ)は側面，(ウ)は支持物という語句が入る．

〈No.6〉

問1 (4)

電技解釈第12条「電線の接続法」からの出題である．

この問題は絶縁電線相互の接続であるので，①電線の電気抵抗を増加させない，②電線の引張強さを20％以上減少させないという規定を適用して解く．

①　電線の電気抵抗は $2.1\,\mathrm{m\Omega/m}$ 以下であること．

②　電線の引張強さは，$3.6 \times 0.8 = 2.88\,\mathrm{kN}$ を超えること．

以上の条件に適合するのは，接続者Dであるので，(4)が正解となる．

問2 (3)

電技解釈第12条「電線の接続法」からの出題である．

(1)，(2)，(4)および(5)は正しい．

(3)の裸電線相互の接続部分は，条文では「接続管その他の器具を使用し，またはろう付けすること．」となっている．

したがって，(3)の記述は誤りである．

(注)　ろう付けとは，金属を接合する方法の一種で，接合する母材と母材の間に母材の融点よりも低い合金（ろう）を溶かし，これを冷却・凝固することによって接合する方法．

はんだ付けよりも接合金属の融点が高く，接合強度はろう付け
　が勝る．

問3 ⑶

　　設問 a は電技第 56 条「配線の感電又は火災の防止」，設問 b は電技
第 66 条「異常時における高圧の移動電線及び接触電線における電路
の遮断」および設問 c，d は電技解釈第 171 条「移動電線の施設」か
らの出題である．

　　㋐は火災，㋑は過電流，㋒はボルト締め，㋓は屋内という語句が入る．

　　設問 b 以外は，本文を参照願いたい．

問4 ⑴

　　電技第 57 条「配線の使用電線」からの出題である．

　　㋐は電圧，㋑は強度，㋒は絶縁性能，㋓は裸電線という語句が入る．

〈No.7〉

問1 ⑸

　　電技第 58 条「低圧の電路の絶縁性能」からの出題である．

　　㋐は電路，㋑は開閉器，㋒は 300，㋓は 150，㋔は 0.4 という語句
または数値が入る．

問2 ⑵

$$漏えい電流 = \frac{20 \times 1000}{210} \times \frac{1}{2\,000} = 0.0476\mathrm{A}\ 以下$$

〈No.8〉

問1 ⑷

　　電技解釈第 16 条により，最大使用電圧が 7000 V 以下の変圧器の絶
縁性能は，最大使用電圧の 1.5 倍（500 V 未満となる場合は，500 V）
の試験電圧を試験される巻線と他の巻線，鉄心および外箱との間に連
続して 10 分間加えたとき，これに耐える性能を有しなければならな
いので，

　　　　試験電圧 = 6900 × 1.5 = 10350 V

を連続して 10 分間加える.

問 2 (4)

電技解釈第 15 条により，最大使用電圧が 7000 V を超え 60000 V 以下の交流の電路の絶縁性能は，最大使用電圧の 1.25 倍（10500 V 未満となる場合は，10500 V）の交流の試験電圧（最大使用電圧が 15000 V 以下の中性点接地式電路以外）を電路と大地との間に連続して 10 分間加えたとき，これに耐える性能を有しなければならない．しかし，電線にケーブルを使用する交流の電路においては，交流の試験電圧の 2 倍の直流電圧を電路と大地との間に連続して 10 分間加えたとき，これに耐える性能を有すればよいとされている．

$$最大使用電圧 = 22000 \times \frac{1.15}{1.1} = 23000\,\text{V}$$

$$交流試験電圧 = 23000 \times 1.25 = 28750\,\text{V}$$

$$直流試験電圧 = 28750 \times 2 = 57500\,\text{V}$$

(注) ケーブルの場合は，導体と遮へい層間の静電容量が大きいため，交流耐圧時の充電電流が多く流れる．そのため試験機の容量も大きいものが必要となり，現場試験では無理を生じる場合がある．直流の試験では，静電容量には電流は流れないので，ケーブルの太さ・長さにかかわらず比較的小規模の装置で試験が可能である．

問 3 (a) – (5)，(b) – (3)

この問題は，高圧ケーブルの耐圧試験を交流電圧で行う事例であるが，試験用変圧器の容量が大きいものが必要となるので，リアクトルを試験用変圧器の高圧側に設置することにより，充電電流をリアクトルの電流で打ち消して（試験用変圧器に流入する電流を少なくする），試験用変圧器の容量および電源容量を抑える問題である．

基本事項として理解しておくことは，試験電圧を基準にすれば，充電電流（A2）は 90°の進み電流，リアクトル電流（A4）は 90°の遅れ電流，合成電流（A3）はベクトル合成電流となるということ．

ベクトル図で描くと次図となる．（A2 > A4 の図）

ベクトル図より，試験用変圧器に流れる合成電流 A3 は，A3 = A2 −

A4 となる.

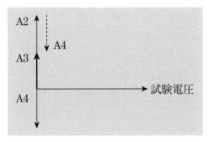

A2>A4 の図

さあ，計算してみよう.

(a) ① 耐圧時の試験電圧を求める.

試験電圧 = 最大使用電圧 × 1.5

$$= 使用電圧 \times \frac{1.15}{1.1} \times 1.5$$

$$= 6600 \times \frac{1.15}{1.1} \times 1.5$$

$$= 10\,350\,\mathrm{V}$$

② 充電電流 A2 を求める.

A2 $= \omega 3C \times$ 試験電圧

（$\omega = 2\pi f$，$3C$：3 線一括のケーブルの静電容量〔F〕）

$$= 2 \times \pi \times 50 \times 3 \times 0.35 \times \frac{120}{1\,000} \times 10^{-6} \times 10\,350$$

$$= 0.41\,\mathrm{A} \quad \rightarrow \quad 410\,\mathrm{mA}$$

(b) ① 試験電圧印加時のリアクトル電流 A4 を求める.

リアクトルのインピーダンスは誘導リアクタンスのみであるので，流れる電流は電圧に比例する．題意より 13 kV のとき 300 mA であるので，試験電圧 10350 V のときのリアクトル電流 A4〔mA〕は，

$$A4 = 300 \times \frac{10\,350}{13\,000} = 239\,\mathrm{mA}$$

② 試験用変圧器に流れる電流 A3 を求める.

A3 = A2 − A4 = 410 − 239

$$= 171\,\text{mA} \rightarrow 0.171\,\text{A}$$

③ 発電機の最小容量（必要容量）S〔kV・A〕を求める.

発電機の最小容量は，試験用変圧器が負担する容量と同じであるので，

$$S = 10\,350 \times 0.171 \times 10^{-3} = 1.77\,\text{kV・A}$$

以上必要である．したがって，直近上位の 2.0 kV・A となる.

問 4 ⑵

電技第 16 条第 5 項「機械器具の電路の絶縁性能」および電技解釈第 46 条「太陽電池発電所の電線等の施設」からの出題である.

(ｱ)は 1.5, (ｲ)は充電, (ｳ)は 10 という語句または数値が入る

さて，(ｴ)であるが，太陽電池発電所に施設する高圧の直流電路の電線は，原則として高圧ケーブルを使用しなければならないが，取扱者以外の者が立ち入らないような措置を講じた場所においては使用電圧直流 1500 V 以下の直流ケーブルを使用することができる.

したがって，(ｴ)は 1500 である.

〈No.9〉

問 1 ⑷

電技解釈第 17 条「接地工事の種類及び施設方法」からの出題である.

C 種および D 種接地工事の接地抵抗値は，地絡が生じた場合に，0.5 秒以内に自動的に遮断する装置（いわゆる漏電遮断器）を施設するときは，500 Ω 以下となっている.

問 2 ⑴

電技第 10 条「電気設備の接地」および電技第 11 条「電気設備の接地の方法」からの出題である.

(ｱ)は電位上昇, (ｲ)は人体, (ｳ)は「大地に通ずる」という語句が入る.

問 3 ⑵

電技第 12 条「特別高圧電路等と結合する変圧器等の火災の防止」第 2 項からの出題である.

(ｱ)は高圧, (ｲ)は感電, (ｳ)は放電という語句が入る.

なお，電技および電技解釈では「感電または火災」という対の語句がよく条文に出ているので，頭に入れておくとよい．

問4 (5)

電技解釈第17条「接地工事の種類及び施設方法」および電技解釈第28条「計器用変成器の2次側電路の接地」からの出題である．

電技解釈第28条第1項：高圧計器用変成器の2次側電路には，D種接地工事を施すこと．

電技解釈第28条第2項：特別高圧計器用変成器の2次側電路には，A種接地工事を施すこと．

さらに，電技解釈第17条により，A種接地工事の接地線には直径2.6mm以上の軟銅線を，D種接地工事の接地線には直径1.6mm以上の軟銅線を使用しなければならない．

以上より，高圧計器用変成器の2次側電路には，D種接地工事を直径1.6mm以上の軟銅線を使用して施設しなければならない．

問5 (5)

電技解釈第17条「接地工事の種類及び施設方法」第1項および第2項からの出題である．

(ア)は1，(イ)は0.75，(ウ)は2という数値が入る．

〈No.10〉

問1 (a)−(3)，(b)−(4)

(a) 1線地絡電流の式

$$I_1 = 1 + \frac{\dfrac{V'}{3}L - 100}{150} + \frac{\dfrac{V'}{3}L' - 1}{2}$$

に V'=6，L=3×100+2×20，L'=0 を代入すると，第3項は負となるので，規定により0である．

$$I_1 = 4.87\mathrm{A}$$

小数点以下は切り上げるので，

$$I_1 = 5\mathrm{A}$$

である.

(b)　B種接地抵抗値 R〔Ω〕は, 1 秒以下で事故電路を遮断するので,

$$R = \frac{600}{5} = 120\ \Omega \quad 以下$$

問2 (a)-(1), (b)-(3)

(a)　B種接地抵抗値 R〔Ω〕は, 事故電路を 2 秒以下で遮断する装置がないことと, 最高限度の 1/3 に維持されていることより,

$$R = \frac{150}{2} \times \frac{1}{3} = 25\ \Omega$$

(b)　ケースの対地電圧 V は, 抵抗の比に分圧されるので,

$$V = 220 \times \frac{25}{25 + 25} = 110\ \mathrm{V}$$

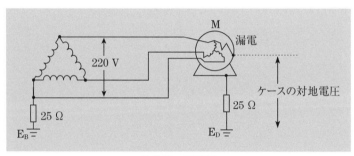

地絡時の回路図

問3 (a)-(2), (b)-(4)

(a)　B種接地抵抗値 E_B〔Ω〕は, 事故電路を 0.5 秒で遮断する装置があることと, 最高限度の 1/5 に維持されていることにより,

$$E_\mathrm{B} = \frac{600}{6} \times \frac{1}{5} = 20\ \Omega$$

(b)　地絡事故時の等価回路（電圧線側で地絡した場合）は, 次図のとおりである.

(ア)　人体に電流が流れたときの, 空調機外箱の電圧 V〔V〕は,
　　　$V = 0.01 \times 6000 = 60\ \mathrm{V}$

(イ)　分圧の法則により,

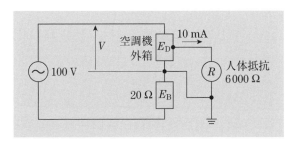

$$60 = \frac{E_D}{20 + E_D} \times 100$$

この式を解くと，空調機外箱の接地抵抗値 E_D〔Ω〕は，

$E_D = 30\ \Omega$

(注) 本来は，E_D と R との並列合成抵抗値と E_B の直列回路として，分圧の法則を適用しなければならないが，この問題の場合のように，人体抵抗 $R \gg E_D$ であれば，並列回路の $R = 6\,000\,\Omega$ を無視した略算式でも良い．（参考までに，詳細な式で計算しても $E_D = 30.15\,\Omega$ となり，ほとんど差異はない．）

〈No.11〉

問1 (4)

電技解釈第 23 条「アークを生じる器具の施設」からの出題である．

(ア)は耐火性，(イ)は 1，(ウ)は 2 という語句または数値が入る．

問2 (2)

電技解釈第 29 条第 2 項「機械器具の金属製外箱等の接地」からの出題である．

(ア)は 2 重絶縁の構造，(イ)は絶縁変圧器，(ウ)は 15，(エ)は 0.1 という語句または数値が入る

問3 (3)

電技解釈第 37 条「避雷器等の施設」からの出題である．

(3)の規定は条文にない．

問4 (5)

電技 19 条第 14 項「公害等の防止」および電気関係報告規則第 4 条

の2「ポリ塩化ビフェニル含有電気工作物に関する届出」からの出題である.

　(ア)は禁止,(イ)は廃止,(ウ)は電力用コンデンサという語句が入る.

　届出先は,管轄産業保安監督部長である.なお,届出の対象となるPCB機器には,他に変圧器,計器用変流器,リアクトル,放電コイル等がある.

〈No.12〉

問1　(3)

　電技解釈第36条「地絡遮断装置の施設」からの出題である.

　金属製外箱を有する使用電圧が60Vを超える低圧の機械器具に接続する電路には,電路に地絡を生じたときに自動的に電路を遮断する装置を施設しなければならないが,省略条件が第1項第一号から第八号に定められている.

　(3)は条文では,「機械器具に施されたC種接地工事又はD種接地工事の接地抵抗値が3Ω以下の場合」と定めており,選択肢(3)は接地抵抗値の記述がないので,接地工事の省略条件に該当しない.

　本書の本文に記載してない,第七号の規定は次のとおりである.

　⑦　機械器具を太陽電池モジュールに接続する直流電路に接続し,かつ,当該電路が次に適合する場合.

　　(i)　直流電路は,非接地であること.

　　(ii)　直流電路に接続する逆変換装置の交流側に絶縁変圧器を施設すること.

　　(iii)　直流電路の対地電圧は,450V以下であること.

問2　(2)

　電技解釈第34条「高圧又は特別高圧の電路に施設する過電流遮断器の性能等」からの出題である.

　(ア)は短絡,(イ)は短絡電流,(ウ)は開閉という語句が入る.

問3　(5)

　電技解釈第34条「高圧又は特別高圧の電路に施設する過電流遮断

器の性能等」第 2 項からの出題である.

⑺は 1.3, ⑷は 120 という数値が入る.

問 4 (5)

電技解釈第 33 条「低圧電路に施設する過電流遮断器の性能等」第 3 項からの出題である.

⑺は 1, ⑷は 60, ⑼は 2 という数値が入る.

〈No.13〉

問 1 (5)

電技第 23 条「発電所等への取扱者以外の者の立入の防止」からの出題である.

⑺は高圧または特別高圧, ⑷は危険, ⑼構内, ⑾は地中箱という語句が入る

問 2 (1)

電技解釈第 38 条「発電所等への取扱者以外の者の立入の防止」からの出題である.

⑺は 5, ⑷は 6, ⑼禁止, ⑾は施錠という語句または数値が入る.

問 3 (3)

電技解釈第 42 条「発電所の保護装置」からの出題である.

⑺は過電流, ⑷は低下, ⑼温度, ⑾は内部という語句が入る.

問 4 (2)

電技第 45 条「発電機等の機械的強度」からの出題である.

⑺は短絡電流, ⑷は負荷を遮断, ⑼は非常調速装置という語句が入る.

問 5 (4)

電技第 46 条「常時監視をしない発電所等の施設」からの出題である.

⑺は人体に危害を及ぼし, ⑷は制御, ⑼は一般送配電事業もしくは配電事業という語句が入る.

一般送配電事業とは, 主として送電設備および配電設備を用いて発電事業者から託送された電気を小売電気事業者（一般の需要に応じ電

気を供給する事業者で経済産業省大臣へ登録した者）に届ける事業を
いう.

配電事業とは，分散型電源を含む配電網を運営する事業として設け
られたものであり，供給区域における託送供給および電力量調整供給
を行う事業である.

問6 (4)

発電用風力設備に関する技術基準を定める省令第4条「風車」から
の出題である.

(ｱ)は構造上安全，(ｲ)は振動，(ｳ)は接触という語句が入る.

〈No.14〉

問1 (1)

電技解釈第53条「架空電線路の支持物の昇塔防止」からの出題で
ある.

足場金具は，地表上1.8m以上に施設しなければならないが，(2)か
ら(5)まではその例外規定である. (1)の規定はない.

問2 (2)

電技およびその解釈からの出題である.

(1)は電技第24条「架空電線路の支持物の昇塔防止」の規定である.

(2)は足場金具の地表上の高さの例外規定として，電技解釈第53条
で定めていない.

(3)は電技解釈第58条「架空電線路の強度検討に用いる荷重」の規
定である.

(4)は電技解釈第59条「架空電線路の支持物の強度等」第7項の規
定である.

(5)は電技解釈第61条「支線の施設方法及び支柱による代用」第4
項の規定である.

問3 (2)

電技解釈第61条「支線の施設方法及び支柱による代用」からの出
題である.

(ア)は 2.5, (イ)は 3, (ウ)は 2, (エ)は 5 という数値が入る.

〈No.15〉

問 1 (5)

電技解釈第 58 条「架空電線路の強度検討に用いる荷重」からの出題である.

(ア)は 6, (イ)は 0.9, (ウ)は 0.5 という数値が入る.

問 2 (a)-(4), (b)-(1)

(a) ① 電線の直径 D〔m〕を求める.

図より,

$$D = 2.6 \times 5 \times 10^{-3} = 1.3 \times 10^{-2}\,\mathrm{m}$$

② 電線 1 m 当たりの垂直投影面積〔m^2〕を求める.

$$垂直投影面積 = 1.3 \times 10^{-2} \times 1 = 1.3 \times 10^{-2}\,\mathrm{m^2}$$

③ 高温季の風圧荷重である甲種風圧荷重〔N〕を求める.

$$甲種風圧荷重 = 1.3 \times 10^{-2} \times 980 = 12.7\,\mathrm{N}$$

(b) ① 低温季の風圧荷重は,題意により乙種風圧荷重になるので,厚さ 6 mm の氷雪が付着した状態の外径〔m〕を求める.

$$外径 = (6 + 2.6 \times 5 + 6) \times 10^{-3} = 2.5 \times 10^{-2}\,\mathrm{m}$$

② 電線 1 m 当たりの垂直投影面積〔m^2〕を求める.

$$垂直投影面積 = 2.5 \times 10^{-2} \times 1 = 2.5 \times 10^{-2}\,\mathrm{m^2}$$

③ 低温季の風圧荷重である乙種風圧荷重〔N〕を求める.

$$乙種風圧荷重 = 2.5 \times 10^{-2} \times 490 = 12.3\,\mathrm{N}$$

問 3 (a)-(5), (b)-(4)

(a) ① 電線の外径 D〔m〕を求める.

図より,絶縁体を考慮して

$$D = (2 + 2.3 \times 3 + 2) \times 10^{-3} = 1.09 \times 10^{-2}\,\mathrm{m}$$

② 電線 1 m 当たりの垂直投影面積〔m^2〕を求める.

$$垂直投影面積 = 1.09 \times 10^{-2} \times 1 = 1.09 \times 10^{-2}\,\mathrm{m^2}$$

③ 高温季の風圧荷重である甲種風圧荷重〔N〕を求める.

$$甲種風圧荷重 = 1.09 \times 10^{-2} \times 980 = 10.7\,\mathrm{N}$$

(b) ① 低温季の風圧荷重は，題意により甲種風圧荷重または乙種風圧荷重を計算して，大きい方となる．乙種風圧荷重は，厚さ6mmの氷雪が付着した状態の荷重であるので，まず氷雪が付着した状態の外径〔m〕を求める．

$$外径 = (6 + 2 + 2.3 \times 3 + 2 + 6) \times 10^{-3} = 2.29 \times 10^{-2}\,\text{m}$$

② 電線1m当たりの垂直投影面積〔m²〕を求める．

$$垂直投影面積 = 2.29 \times 10^{-2} \times 1 = 2.29 \times 10^{-2}\,\text{m}^2$$

③ 乙種風圧荷重〔N〕を求める．

$$乙種風圧荷重 = 2.29 \times 10^{-2} \times 490 = 11.2\,\text{N}$$

④ 乙種風圧荷重が大きいので，答えは 11.2 N となる．

〈No.16〉

問1 (2)

$$P = \frac{7.84}{\sin\theta}$$

また，

$$\sin\theta = \frac{6}{\sqrt{8^2 + 6^2}} = 0.6$$

なので，

$$P = \frac{7.84}{0.6} = 13.1\,\text{kN}$$

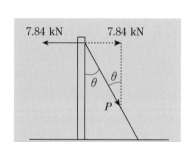

$$素線の断面積 = \frac{1}{4} \times \pi \times 2.6^2 = 5.3\,\text{mm}^2$$

$$素線1条当たりの引張強さ = 0.98 \times 5.3 = 5.2\,\text{kN}$$

素線条数 n は，

$$n \geq \frac{13.1 \times 1.5}{5.2 \times 0.9} = 4.2$$

つまり，最低 5 条必要となる．

問2 (a) – (2)，(b) – (3)

(a) 支線の水平分力 T_0 は，

$$T_0 = 2 \times T\cos 60° = T$$
$$= 8.82\,\text{kN}$$

また，

$$P = \frac{8.82}{\sin 45°} \fallingdotseq 12.5\ \text{kN}$$

(b) 素線条数 n は，

$$n \geqq \frac{12.5 \times 1.5}{4.31} = 4.3$$

つまり，最低 5 条必要となる．

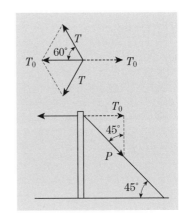

〈No.17〉

問 1 (5)

電技解釈第 66 条「低高圧架空電線の引張強さに対する安全率」からの出題である．

(ｱ)は 2.2，(ｲ)は 2.5，(ｳ)は弛度という語句または数値が入る．

その他の電線（安全率 2.5）としては，硬アルミ線がある．なお，特別高圧架空電線の引張強さに対する安全率は電技解釈第 85 条により，電技解釈第 66 条に準じるとされている．

問 2 (a)－(5)，(b)－(5)

(a) 電線の許容引張荷重 T〔N〕は，

$$T = \frac{\text{電線の引張強さ}}{\text{安全率}}$$

であり，硬アルミ線であるので安全率は 2.5 を用いる．

$$T = \frac{24.5 \times 1\,000}{2.5} = 9\,800\ \text{N}$$

(b) 弛度 D〔m〕は，

$$D = \frac{wS^2}{8T}$$

$$= \frac{8.7 \times 100^2}{8 \times 9\,800} = 1.1\ \text{m}$$

〈No.18〉

問1 (4)

電技解釈第 67 条「低高圧架空電線の架空ケーブルによる施設」からの出題である.

(ア)は 50, (イ)は 22, (ウ)は D 種という語句または数値が入る.

問2 (4)

電技解釈第 68 条「低高圧架空電線の高さ」からの出題である.

(ア)は 6, (イ)は 6, (ウ)は 3, (エ)は 3.5 という数値が入る.

第 2 項では,「低高圧架空電線を水面上に施設する場合は電線の水面上の高さを船舶の航行等に危険を及ぼさないように保持すること」としており, 第 3 項では「高圧架空電線を氷雪の多い地方に施設する場合は, 電線の積雪上の高さを人または車両の通行等に危険を及ぼさないように保持すること」としている.

問3 (3)

電技解釈第 63 条「架空電線路の径間の制限」からの出題である.

(ア)は 150, (イ)は 250, (ウ)は 600 という数値が入る.

問4 (5)

電技解釈第 70 条「低圧保安工事及び高圧保安工事」第 2 項からの出題である.

(ア)は 8.01, (イ)は硬銅線, (ウ)は風圧, (エ)は 38 という語句または数値が入る.

硬銅線の直径と引張強さとの関係で, よく出題されるのは覚えておくとよい.

硬銅線の直径と引張強さ

硬銅線の直径	引張強さ
2 mm	1.38 kN
2.6 mm	2.30 kN
5 mm	8.01 kN

〈No.19〉

問1 ⑸

電技解釈第81条「低高圧架空電線と架空弱電流電線等との共架」第1項からの出題である。

⑴は第六号の規定であり，正しい。

⑵は第三号の規定であり，正しい。

⑶は第一号の規定であり，正しい。

⑷は第三号の規定であり，正しい。

⑸は第二号の規定で，原則として，架空電線を架空弱電流電線等の上とし，別個の腕金類に施設することとなっており，誤りである。

問2 ⑸

電技第36条「油入開閉器等の施設制限」からの出題である。

絶縁油を使用する開閉器，断路器および遮断器は，架空電線路の支持物に施設してはならないと規定している。

⑴の高圧カットアウトは，変圧器の開閉と過負荷電流等の遮断の目的で設置されている。

⑵から⑷までは，線路の開閉や事故保護の目的で使用される。

〈No.20〉

問1 ⑷

電技解釈第116条「低圧架空引込線等の施設」からの出題である。

㋐は2.6，㋑は15，㋒は5，㋓は3，㋔5.5という数値が入る。

硬銅線の直径2mm，2.6mm，5mmと引張強さとの関係は〈No.18〉の解答欄に記述しているので，参照のこと。

問2 ⑵

電技解釈第111条「高圧屋側電線路の施設」からの出題である。

㋐は展開した，㋑はケーブル，㋒は2，㋓は6という語句または数値が入る。

文中の「接触防護措置」は電技解釈第1条「用語の定義」第1項第

三十六号で規定されている（法規〔5〕用語の定義参照）.

問3 (5)

電技解釈第117条「高圧架空引込線等の施設」からの出題である.

(ア)は5,(イ)は引下げ,(ウ)は3.5,(エ)は下方という語句または数値が入る.

〈No.21〉

問1 (2)

電技解釈第125条「地中電線と他の地中電線等との接近又は交差」からの出題である.

(ア)は0.15,(イ)は0.3,(ウ)は耐火性,(エ)は0という語句または数値が入る.

問2 (5)

(1)は電技解釈第120条第1項で「地中電線路は，電線にケーブルを使用し，かつ，管路式，暗きょ式または直接埋設式により施設すること」と規定しており，正しい.

(2)は電技解釈第120条第2項第一号の規定であり，正しい.

(3)は電技解釈第120条第3項第二号の規定であり，正しい.

(4)は電技解釈第120条第4項第二号の規定であり，正しい.

(5)は電技解釈第120条第2項第二号で，高圧または特別高圧の地中電線路には，物件の名称，管理者名および電圧をおおむね2mの間隔で表示することと規定している. ただし，需要場所に施設する高圧地中電線路であって，その長さが15m以下の場合は表示義務は除かれている. さらに，需要場所に施設する高圧または特別高圧地中電線路の場合は，物件の名称および管理者名の表示は除かれている. 以上より，10mの間隔での表示は誤りである.

問3 (4)

電技解釈第120条「地中電線路の施設」第3項，第4項からの出題である.

(ア)は耐燃措置，(イ)は自動消火設備，(ウ)は1.2，(エ)は0.6という語句または数値が入る.

問4 (2)

電技第30条「地中電線等による他の電線及び工作物への危険の防止」および同第47条「地中電線路の保護」からの出題である.

(ア)は接近, (イ)はアーク放電, (ウ)は他の電線等の管理者の承諾を得た, (エ)は防火措置, という語句が入る.

〈No.22〉

問1 (1)

電技解釈第143条「電路の対地電圧の制限」第1項第一号からの出題である.

(ア)は300, (イ)は開閉器, (ウ)は地絡という語句または数値が入る.

第1項第一号は, 主に動力機器(三相200V級)に対する規制であり, 対地電圧は200〜210V程度である. 条文は第3項までであり, 対地電圧を300V以下とできる場合が規定されている.

問2 (5)

電技第65条「電動機の過負荷保護」および電技解釈第153条「電動機の過負荷保護装置の施設」からの出題である.

題意の, 過電流を自動的にこれを阻止し, または警報する装置を設けなくてよい場合について, 各選択肢をチェックしてみよう.

(1)は153条第1項第四号の規定であり, 正しい.

(2)は153条第1項第二号の規定であり, 正しい.

(3)は153条第1項第三号の規定であり, 正しい.

(4)は153条第1項第一号の規定であり, 正しい.

(5)は153条では規定しておらず, 誤りである.

〈No.23〉

問1 (1)

電技解釈第148条「低圧幹線の施設」第1項第二号および第五号からの出題である.

(ア)は定格電流, (イ)は定格電流, (ウ)は許容電流という語句が入る.

問2 (2)

電技解釈第148条により，幹線の許容電流は，電動機の定格電流の合計が50Aを超えているので，

$$幹線の許容電流 = 1.1 \times 60 + 40 = 106A \quad 以上$$

問3 (1)

問題の1は電技解釈第148条「低圧幹線の施設」第1項第五号からの出題である．

問題の2は保護協調に関する事項である．

㋐は3，㋑は2.5，㋒は直近上位，㋓は③という語句または数値が入る．

電動機保護用遮断器は一般にモータブレーカと呼ばれるものであり，電動機の始動時に比較的に大きな電流が長時間流れても動作せず，短絡電流のような過大電流が流れたとき瞬時（短時間）に動作し電動機を焼損等から保護する．保護協調曲線では，②が電動機保護用遮断器に該当する．

熱動継電器（サーマルリレー）は，バイメタルとヒートエレメントで構成されており，過負荷電流が流れたとき電磁開閉器をトリップさせる役目をもつ．保護協調曲線としては，電動機の許容電流時間特性より下側に位置する①が熱動継電器の動作特性曲線である．

電源配線は，電動機の過負荷や短絡電流が流れても，持ちこたえなければならないので，許容電流時間特性としては，一番上位の③が該当する．

なお，保護協調については，法規〔25〕を参照願いたい．

問4 (4)

電技解釈第148条「低圧幹線の施設」からの出題である．

㋐は8，㋑は3，㋒は太陽電池，㋓は最大短絡という語句または数値が入る．

〈No.24〉

問1 (4)

電技第69条「可燃性ガス等により爆発する危険のある場所におけ

る施設の禁止」からの出題である.

(ア)は蒸気, (イ)は粉じん, (ウ)は火薬類, (エ)は貯蔵という語句が入る.

問2 (4)

電技解釈第158条「合成樹脂管工事」からの出題である.

(1)は第1項第一号の規定であり, 正しい.

(2)は第1項第三号の規定であり, 正しい.

(3)は第1項第二号の規定であり, 正しい.

(4)は第3項第三号で, 管の支持点間の距離は1.5m以下と規定しており, 誤りである.

(5)は第3項第七号の規定であり, 正しい.

CD管は可燃性のポリエチレン製であるので, 第3項第七号により, ①直接コンクリートに埋め込んで施設する, ②専用の不燃性または自消性のある難燃性の管またはダクトに収めて施設する, のいずれかにより施設することを規定している.

問3 (4)

電技解釈第168条「高圧配線の施設」からの出題である.

(ア)は6, (イ)は2, (ウ)はA種, (エ)はD種という語句または数値が入る.

文中の「接触防護措置」は電技解釈第1条「用語の定義」第1項第三十六号で規定されている. (法規〔5〕用語の定義参照)

〈No.25〉

問1 (5)

高調波による障害に関する問題である. 詳しくは, 本文を参照願いたい.

(ア)は振動, (イ)は溶断, (ウ)は電流コイルという語句が入る.

問2 (5)

CB形受電設備とPF・S形受電設備の主遮断装置の特徴に関する問題である.

詳細は本文を参照願いたい.

(ア)は高圧交流遮断器, (イ)は高圧限流ヒューズ, (ウ)は高圧交流負荷開

閉器，㈜は過電流継電器という語句が入る．

問3 ⑴

絶縁油の劣化判定には，絶縁耐力試験，酸価度試験，油中ガス分析等が行われている．絶縁耐力試験，酸価度試験は比較的容易に劣化判定ができるので，一般的に行われている．

絶縁油の絶縁耐力試験は，直径12.5 mm，ギャップ間隔2.5 mmの球状電極をもつ油カップの中に絶縁油を入れて，電圧を徐々に上昇し，絶縁破壊（放電）したときの電圧より劣化度を判定するものである．

酸価度試験は，採取した絶縁油の中に酸価成分の抽出液を加える．その後，中和液（KOH）を加えて中和させる．加えた中和液（KOH）の量を酸価度とするものである．

判定基準は下表のとおりである．（高圧受電設備規程より）

測定項目	良好	要注意	不良
絶縁破壊電圧〔kV〕	20 kV 以上	15 kV 以上 20 kV 未満	15 kV 未満
全酸価〔mgKOH/g〕	0.2 以下	0.2 ～ 0.4	0.4 以上

㈎は絶縁耐力，㈅は抵抗率，㈆は空気，㈜は温度という語句が入る．

〈No.26〉

問1 (a)－(4)，(b)－(4)

発電曲線を描くと次図のようになる．

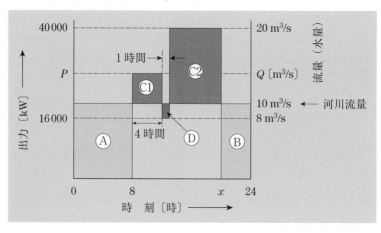

Ⓓの時間帯の発電水量は,河川の流量より少なく,かつ,題意により,河川の全流量を発電に使用するので,Ⓓの時間帯の余剰流量は,いったん調整池に貯えることとなる.

(注)　Ⓓの時間帯の余剰流量を発電に使わず放流する場合は,②式で,Ⓓ = 0 とする.

したがって,調整池容量 V 〔m³〕は,

$$V = Ⓐ + Ⓑ \qquad ①$$
$$V = Ⓒ1 + Ⓒ2 - Ⓓ \qquad ②$$

(a)　①式より,時刻 x〔時〕を求めると

$$360\,000 = 10 \times 3\,600 \times 8 + 10 \times 3\,600 \times (24 - x)$$

が成り立つ.

これより,$x = 22$時

(b)　出力 P〔kW〕時の使用水量を Q〔m³/s〕とすると,②式より,

$$360\,000 = (Q - 10) \times 3\,600 \times 4 + (20 - 10) \times 3\,600 \times (22 - 13)$$
$$- (10 - 8) \times 3\,600 \times 1$$

が成り立つ.

これより,$Q = 13\,\mathrm{m^3/s}$

発電出力と使用水量は題意により比例するので,出力 P〔kW〕は,

$$P = 40\,000 \times \frac{13}{20} = 26\,000\,\mathrm{kW}$$

問 2　(a) – (4),　(b) – (2)

発電および負荷曲線を描くと次図のようになる.

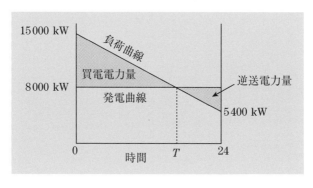

(a) X に 0 および 24 を代入して，負荷電力を求めると，上図が描ける．ここで，負荷曲線と発電曲線の交点となる時間 T は，

$$8000 = 15\,000 - 400T$$

より，

$$T = 17.5\,\mathrm{h}$$

逆送できる時間 H は，

$$H = 24 - 17.5 = 6.5\,\mathrm{h}$$

(b) 逆送電力量 $W\,[\mathrm{kW \cdot h}]$ は，三角形の面積となるので，

$$W = \frac{1}{2} \times (24 - 17.5) \times (8\,000 - 5\,400)$$

$$= 8\,450 \quad \to \quad 8\,500\,\mathrm{kW \cdot h}$$

〈No.27〉

問 1 (5)

$P_\mathrm{i} = (0.65)^2 P_\mathrm{c}$ の関係がある．

1/2 負荷における鉄損と銅損の比は，

$$\frac{P_\mathrm{i}}{0.5^2 \times P_\mathrm{c}} = \frac{0.65^2 \times P_\mathrm{c}}{0.5^2 \times P_\mathrm{c}} = 1.69$$

問 2 (4)

$$\frac{\dfrac{3}{4} \times 100}{\dfrac{3}{4} \times 100 \times 1 + 2 \times \left(\dfrac{3}{4}\right)^2 \times P_\mathrm{c}} = 0.98$$

より，

$$P_\mathrm{c} = 1.36\,\mathrm{kW}$$

問 3 (2)

$\alpha = \sqrt{\dfrac{P_\mathrm{i}}{P_\mathrm{c}}}$ より，

$$\alpha = \sqrt{\frac{2.5}{5}} = 0.707$$

ほぼ 71 %．

問 4 (1)

最大効率となる利用率 α は,

$$\alpha = \sqrt{\frac{1}{3}} = 0.58$$

最大効率 η〔%〕は,

$$\eta = \frac{\alpha P \cos\theta}{\alpha P \cos\theta + 2P_\mathrm{i}} \times 100$$

より,

$$\eta = \frac{0.58 \times 100 \times 0.9}{0.58 \times 100 \times 0.9 + 2 \times 1} \times 100 = 96.3\,\%$$

〈No.28〉

問 1 (5)

$$1\,\text{日中の負荷電力量} = 1 \times 100 \times 1 \times 8 + \frac{3}{4} \times 100 \times 1 \times 8$$
$$= 1400\,\text{kW·h}$$

$$1\,\text{日中の鉄損電力量} = 0.75 \times 24 = 18\,\text{kW·h}$$

$$1\,\text{日中の銅損電力量} = 1^2 \times 1 \times 8 + \left(\frac{3}{4}\right)^2 \times 1 \times 8 = 12.5\,\text{kW·h}$$

全日効率 η_d〔%〕は,

$$\eta_\mathrm{d} = \frac{1400}{1400 + 18 + 12.5} \times 100 = 97.9\,\%$$

問 2 (a) – (3), (b) – (1)

(a) 1台運転のときの変圧器利用率を α とすると, 2台運転では, 変圧器1台当たりの負荷分担が 1/2 となるので, 利用率は $\alpha/2$ となる.

1台運転時の損失 P_1〔kW〕は,

$$P_1 = 0.1 + (\alpha)^2 \times 0.3$$

2台運転時の損失 P_1'〔kW〕は,

$$P_1' = 2 \times \left\{ 0.1 + \left(\frac{\alpha}{2}\right)^2 \times 0.3 \right\} = 0.2 + 0.15\alpha^2$$

(b) $P_1 \leqq P_1'$ となる変圧器利用率 α を求めると,

$$0.1 + 0.3\alpha^2 \leqq 0.2 + 0.15\alpha^2$$

$$0.15\alpha^2 \leqq 0.1$$

$$\alpha^2 \leqq \sqrt{\frac{0.1}{0.15}} = \sqrt{\frac{2}{3}}$$

$$\therefore \quad \alpha \leqq 0.816$$

α は，電圧が一定であれば電流に比例するので，負荷電流 I〔A〕は，

$$I = 0.816 \times 100 = 81.6\,\mathrm{A}$$

問3 (a) − (4)，(b) − (2)

(a) 題意により負荷の力率は 80 %（0.8）であるので，各時間帯の皮相電力〔kV·A〕と利用率 α は，

$$0 \sim 6\ \text{時} \qquad \frac{4}{0.8} = 5\ \mathrm{kV \cdot A} \qquad \alpha_1 = \frac{5}{20} = 0.25$$

$$6 \sim 12\ \text{時} \qquad \frac{12}{0.8} = 15\ \mathrm{kV \cdot A} \qquad \alpha_2 = \frac{15}{20} = 0.75$$

$$12 \sim 18\ \text{時} \qquad \frac{16}{0.8} = 20\ \mathrm{kV \cdot A} \qquad \alpha_3 = \frac{20}{20} = 1.0$$

$$18 \sim 24\ \text{時} \qquad \frac{6}{0.8} = 7.5\ \mathrm{kV \cdot A} \qquad \alpha_4 = \frac{7.5}{20} = 0.375$$

1日の損失電力量〔kW·h〕は，

$$1\ \text{日の損失電力量} = P_{\mathrm{i}} \times 24 + \sum \alpha^2 P_{\mathrm{c}} t$$

で，各時間帯の $t = 6$ より，

$$1\ \text{日の損失電力量} = 0.15 \times 24 + 0.27 \times 6 \times (0.25^2 + 0.75^2 + 1^2 + 0.375^2)$$

$$= 6.46\ \mathrm{kW \cdot h}$$

(b) 1日の負荷電力量 $= 6 \times (4 + 12 + 16 + 6) = 228\,\mathrm{kW \cdot h}$

全日効率 η_{d}〔%〕は，

$$\eta_{\mathrm{d}} = \frac{228}{228 + 6.46} \times 100 \fallingdotseq 97.2\ \%$$

〈No.29〉

問1 (1)

$P = 3\,000 - 60t$ に $t = 0$ および 24 を代入すると，次図の電力となる.

1日の電力量は，台形の面積で与えられるので，

$$1\text{日の電力量} = \frac{(1560+3000)\times 24}{2} \leftarrow \text{台形の面積を求める式}$$

$$= 54720\,\text{kW·h}$$

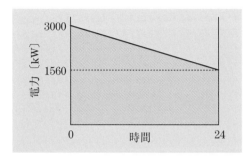

平均需要電力は，

$$\text{平均需要電力} = \frac{54720}{24} = 2280\,\text{kW}$$

したがって，

$$\text{日負荷率} = \frac{2280}{3000}\times 100 = 76\,\%$$

問2 (2)

$$\text{最大需要電力} = \text{需要率}\times\text{負荷設備の総容量}$$

$$= 0.45\times 1000 = 450\,\text{kW}$$

平均需要電力は，年間の電力量を 8760h（＝365×24）で割ればよいので，

$$\text{平均需要電力量} = \frac{1774000}{8760} = 202.5\,\text{kW}$$

したがって，

$$\text{年負荷率} = \frac{202.5}{450}\times 100 = 45\,\%$$

問3 (1)

需要家群を総合した場合の負荷率は，

$$\text{負荷率} = \frac{\text{平均需要電力}}{\text{合成最大需要電力}}$$

合成最大需要電力は，需要率が等しければ，次図より，

$$\text{合成最大需要電力} = \frac{\text{需要率} \times (P_1 + P_2)}{\text{不等率}}$$

$$= \frac{\text{需要率} \times \text{設備容量の合計}}{\text{不等率}}$$

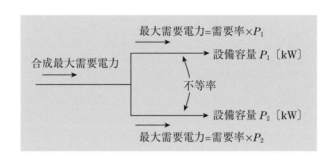

したがって，

$$\text{負荷率} = \frac{(\text{平均需要電力}) \times \text{不等率}}{(\text{設備容量の合計}) \times \text{需要率}}$$

つまり，不等率に比例し，需要率に反比例する．

問4 (3)

$$\text{最大需要電力} = 0.6 \times 600 = 360\,\text{kW}$$

力率は0.8より，必要とする受電設備（変圧器）容量〔kV·A〕は，

$$\text{受電設備容量} = \frac{360}{0.8} = 450\,\text{kV·A}$$

問5 (a)－(1)，(b)－(4)

(a) 不等率が1であるから，合成最大需要電力＝各負荷の最大需要電力の和である．つまり，各負荷の電力をベクトル和で合成すればよい．

$$\text{合成の有効電力} = 6000 + 4000 = 10000\,\text{kW}$$

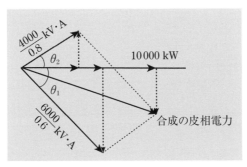

図より，合成の無効電力は，

$$合成の無効電力 = \frac{6\,000}{0.6} \times \sin\theta_1 - \frac{4\,000}{0.8} \times \sin\theta_2$$

$$\sin\theta_1 = \sqrt{1 - 0.6^2} = 0.8$$

$$\sin\theta_2 = \sqrt{1 - 0.8^2} = 0.6$$

であるので，

$$合成の無効電力 = \frac{6\,000}{0.6} \times 0.8 - \frac{4\,000}{0.8} \times 0.6 = 5\,000\ \text{kvar}$$

(b)　合成の皮相電力は，

$$合成の皮相電力 = \sqrt{10\,000^2 + 5\,000^2} = 5\sqrt{5} \times 1\,000$$

$$= 11\,180\ \text{kV·A}$$

合成の有効電力は 10 000 kW であるので，

$$総合力率 = \frac{10\,000}{11\,180} \times 100 = 90\ \%$$

〈No.30〉

問1 (4)

$$合成最大電力 = \frac{0.7 \times 4\,000 + 0.5 \times 5\,000 + 0.6 \times 7\,000}{1.25}$$

$$= 7\,600\ \text{kW}$$

$$平均電力 = \frac{43\,274 \times 10^3}{365 \times 24} = 4\,940\ \text{kW}$$

$$年負荷率 = \frac{4\,940}{7\,600} \times 100 = 65\,\%$$

問 2 (a) – (4), (b) – (3)

(a) 負荷群 A, B および C の合成最大電力は, ①の 8 時～ 12 時の間か②の 14 時～ 16 時の間であることが負荷特性を見れば検討がつく.

図より①の時間帯の合成最大電力 P_1〔kW〕は,

$$P_1 = 6\,500 + 3\,500 + 1\,000 = 11\,000\,\mathrm{kW}$$

②の時間帯の合成最大電力 P_2〔kW〕は,

$$P_2 = 6\,000 + 4\,000 + 2\,000 = 12\,000\,\mathrm{kW}$$

であるので, 合成最大電力は 12 000 kW となる.

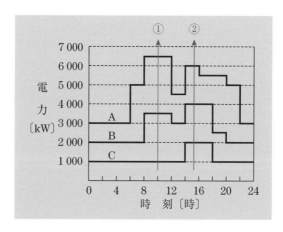

$$不等率 = \frac{各負荷の最大電力の和}{合成最大電力}$$

より,

$$不等率 = \frac{6\,500 + 4\,000 + 2\,000}{12\,000} = 1.04$$

(b) 総合力率は,

$$総合力率 = \frac{合成最大電力}{合成最大皮相電力} \times 100\,〔\%〕$$

合成最大皮相電力は, ②の時間帯（14 時～ 16 時）の各負荷の皮相電力を合成したものとなるが, 各負荷の位相が異なるため, 単純な和

とはならない．（ベクトル図参照）

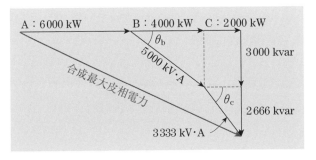

各負荷の無効電力は,

A 負荷の無効電力 = 0

B 負荷の無効電力 $= 4\,000 \times \tan\theta_b = 4\,000 \times \dfrac{0.6}{0.8} = 3\,000$ kvar

C 負荷の無効電力 $= 2\,000 \times \tan\theta_c = 2\,000 \times \dfrac{0.8}{0.6} = 2\,666$ kvar

電力ベクトル図より，ピタゴラスの定理を用いて合成最大皮相電力〔kV·A〕を求めると,

$$合成最大皮相電力 = \sqrt{(6+4+2)^2 + (3+2.67)^2} \times 10^3$$
$$= 13\,270 \text{ kV·A}$$

以上より,

$$総合力率 = \dfrac{合成最大電力}{合成最大皮相電力} \times 100 〔\%〕$$

$$= \dfrac{12\,000}{13\,270} \times 100 = 90.4\ \%$$

〈No.31〉

問 1 (a)−(5)，(b)−(2)

(a) コンデンサ設置後の無効電力 $(Q - Q_C)$〔kvar〕は,

$$Q - Q_C = 2\,000 \tan\theta_0 - 500 = 2\,000 \times \dfrac{\sqrt{1 - 0.8^2}}{0.8} - 500$$
$$= 1\,000\ \text{kvar}$$

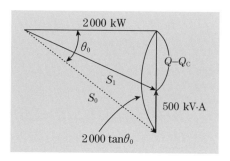

コンデンサ設置後の皮相電力 S_1〔kV·A〕は,

$$S_1 = \sqrt{2\,000^2 + 1\,000^2} = \sqrt{5} \times 1\,000 = 2\,240 \text{ kV·A}$$

(b) コンデンサ設置前の皮相電力 S_0〔kV·A〕は,

$$S_0 = \frac{2\,000}{0.8} = 2\,500 \text{ kV·A}$$

であり, 電力損失は, 電圧が一定であれば皮相電力の2乗に比例するので, コンデンサ設置後の電力損失 W_1'〔kW〕は,

$$W_1' = 100 \times \left(\frac{2\,240}{2\,500}\right)^2 = 80 \text{ kW}$$

つまり, 軽減量 ΔW〔kW〕は,

$$\Delta W = 100 - 80 = 20 \text{ kW}$$

問2 (a)－(3), (b)－(1)

(a) コンデンサ設置後の線路電流を I_1〔A〕, 力率を $\cos\theta_1$ とすると, 次の式が成り立つ.

$$6\,900 = 6\,600 + \sqrt{3} I_1 \times (0.5 \times \cos\theta_1 + 1 \times \sin\theta_1)$$

また, I_1 は,

$$I_1 = \frac{2\,000 \times 10^3}{\sqrt{3} \times 6\,600 \times \cos\theta_1}$$

である.

この2式を整理すると,

$$300 = 151.5 + 303 \times \frac{\sin\theta_1}{\cos\theta_1}$$

$$\frac{\sin\theta_1}{\cos\theta_1} = \tan\theta_1$$

であるので，上式より，$\tan\theta_1$ を求めると，

$$\tan\theta_1 = 0.49$$

(b) 必要なコンデンサ容量 Q_C 〔kvar〕は，図より，

$$Q_C = 2\,000 \times (\tan\theta_0 - \tan\theta_1)$$

$$= 2\,000 \times \left(\frac{\sqrt{1-0.8^2}}{0.8} - 0.49\right)$$

$$= 520\,\mathrm{kvar}$$

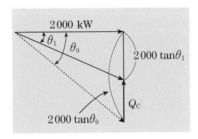

問3 (a)−(1)，(b)−(3)

負荷を設置前の無効電力 Q_1 〔kvar〕および皮相電力 S_1 〔kV·A〕は，

$$Q_1 = 300 \times \tan\theta_1 = 300 \times \frac{0.8}{0.6} = 400\,\mathrm{kvar}$$

$$S_1 = 300 \times \frac{1}{\cos\theta_1} = 300 \times \frac{1}{0.6} = 500\,\mathrm{kV \cdot A}$$

新たな負荷の無効電力 Q_2 〔kvar〕および皮相電力 S_2 〔kV·A〕は，

$$Q_2 = 80 \times \tan\theta_2 = 80 \times \frac{0.6}{0.8} = 60\,\mathrm{kvar}$$

$$S_2 = 80 \times \frac{1}{\cos\theta_2} = 80 \times \frac{1}{0.8} = 100\,\mathrm{kV \cdot A}$$

変圧器が過負荷とならないためのコンデンサ容量を Q_C 〔kvar〕として，ベクトル電力図を描くと次図のようになる．

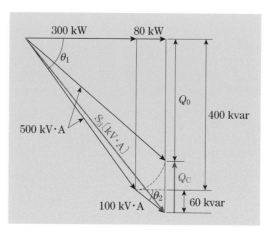

(a) ベクトル図より，コンデンサ設置前の力率は，

$$力率 = \frac{300+80}{S_3}$$

ここで，

$$S_3 = \sqrt{(300+80)^2 + (400+60)^2} = 597 \ \text{kV·A}$$

$$力率 = \frac{300+80}{597} = 0.64$$

(b) 過負荷とならないためには，図の Q_0 〔kvar〕が，

$$Q_0 = \sqrt{500^2 - (300+80)^2} = 325 \ \text{kvar}$$

以下である必要がある．

必要なコンデンサ容量 Q_C 〔kvar〕は，

$$Q_C = (400+60) - 325 = 135 \ \text{kvar}$$

以上必要である．

したがって，最小の定格設備容量は直近上位の 150 kvar となる．

⟨No.32⟩

問1 (5)

① 変圧器を含めた％短絡インピーダンスを求める．

変圧器を 10 MV·A ベースに換算した％Z_t' は，

$$\%Z_t{}' = 4 \times \frac{10}{1} = 40 \ \%$$

したがって，短絡地点までの%Zは，

$$\%Z = 40 + 10 = 50 \ \%$$

② 短絡電流 I_{s2} 〔kA〕を求める．

変圧器二次側の定格電流 I_{n2} 〔kA〕は，基準容量が 10 MV・A であるので，

$$I_{n2} = \frac{10 \times 10^3}{\sqrt{3} \times 210} \fallingdotseq 27.5 \ \text{kA}$$

したがって，変圧器二次側の短絡電流 I_{s2} 〔kA〕は，

$$I_{s2} = I_{n2} \times \frac{100}{\%Z} = 27.5 \times \frac{100}{50} = 55 \ \text{kA}$$

問2 (a)-(2), (b)-(3)

(a) ① F2 地点までの 10 MV・A ベースの%短絡インピーダンスを求める．

(ア) 変圧器のパーセントリアクタンス $q_t{}'$ 〔%〕は，

$$q_t{}' = 6 \times \frac{10}{0.75} = 80 \ \%$$

(イ) 合成のパーセントリアクタンス q 〔%〕は，

$$q = 12 + 80 = 92 \ \%$$

(ウ) 合成の%短絡インピーダンス%Zは，$p=5$%より，

$$\%Z = \sqrt{p^2 + q^2} = \sqrt{5^2 + 92^2} = 92.1 \ \%$$

② F2 点での三相短絡電流 I_{s2} 〔kA〕を求める．

$$I_{s2} = \frac{10 \times 10^3}{\sqrt{3} \times 210} \times \frac{100}{92.1} \fallingdotseq 29.9 \ \text{kA}$$

したがって，直近上位の遮断容量は，35 kA である．

(b) 変圧器二次側のインピーダンスは無視しているので，F1 点の三相短絡電流は F2 点と同じである．

① 変圧器一次側に流れる短絡電流 I_{s1} 〔A〕を求める．

$$I_{s1} = 29.9 \times 10^3 \times \frac{210}{6\,600} ≒ 951 \text{ A}$$

② CT 二次側（OCR 入力）電流 I〔A〕を求める.

変流比は 100/5 より,

$$I = 951 \times \frac{5}{100} ≒ 47.5 \text{ A}$$

③ OCR の電流整定値に対する入力電流値の倍数 N を求める.

$$N = \frac{47.5}{4} ≒ 11.9$$

④ OCR の動作時間 T〔s〕を求める.

$$T = \frac{80}{N^2 - 1} \times \frac{D}{10}$$

より,

$$T = \frac{80}{11.9^2 - 1} \times \frac{4}{10} ≒ 0.23 \text{ s}$$

〈No.33〉

問 1 (a) – (5), (b) – (1)

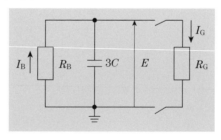

電源が Y の場合は, 中性点と対地間の電圧は相電圧ではなく, 回路の不平衡による残留電圧が発生している. そこで, R_G を取り除けば, この相の対地電圧は相電圧となるので, テブナンの定理と分流の法則を使えば上図のように単相回路として解ける.

(a) ① テブナンの定理により I_G を求める. 電源の角周波数を ω〔rad/s〕とすれば,

$$\dot{I}_\mathrm{G} = \cfrac{E}{R_\mathrm{G} + \cfrac{1}{\cfrac{1}{R_\mathrm{B}} + \mathrm{j}\omega 3C}}$$

$$= \cfrac{E}{1 + R_\mathrm{G}\left(\cfrac{1}{R_\mathrm{B}} + \mathrm{j}\omega 3C\right)} \times \left(\cfrac{1}{R_\mathrm{B}} + \mathrm{j}\omega 3C\right)$$

$$= \cfrac{E}{R_\mathrm{B} + R_\mathrm{G}\left(1 + \mathrm{j}\omega 3CR_\mathrm{B}\right)} \times \left(1 + \mathrm{j}\omega 3CR_\mathrm{B}\right)$$

$$= \cfrac{E\left(1 + \mathrm{j}\omega 3CR_\mathrm{B}\right)}{R_\mathrm{G} + R_\mathrm{B} + \mathrm{j}\omega 3CR_\mathrm{B}R_\mathrm{G}}$$

② 分流の法則で I_B を求める.

$$\dot{I}_\mathrm{B} = \dot{I}_\mathrm{G} \times \cfrac{\cfrac{1}{\mathrm{j}\omega 3C}}{R_\mathrm{B} + \cfrac{1}{\mathrm{j}\omega 3C}}$$

$$= \dot{I}_\mathrm{G} \times \cfrac{1}{1 + \mathrm{j}\omega 3CR_\mathrm{B}}$$

$$= \cfrac{E\left(1 + \mathrm{j}\omega 3CR_\mathrm{B}\right)}{R_\mathrm{G} + R_\mathrm{B} + \mathrm{j}\omega 3CR_\mathrm{B}R_\mathrm{G}} \times \cfrac{1}{1 + \mathrm{j}\omega 3CR_\mathrm{B}}$$

$$= \cfrac{E}{R_\mathrm{G} + R_\mathrm{B} + \mathrm{j}\omega 3CR_\mathrm{B}R_\mathrm{G}}$$

$\omega = 2\pi f$ より,

$$\left|\dot{I}_\mathrm{B}\right| = I_\mathrm{B} = \cfrac{E}{\sqrt{\left(R_\mathrm{G} + R_\mathrm{B}\right)^2 + 36\pi^2 f^2 C^2 R_\mathrm{B}^2 R_\mathrm{G}^2}}$$

(b) 与えられた数値を代入して I_B を求める.

$$I_\mathrm{B} = \cfrac{100}{\sqrt{\left(100 + 15\right)^2 + \left(6\pi \times 50 \times 0.1 \times 10^{-6} \times 15 \times 100\right)^2}}$$

$$\fallingdotseq \cfrac{100}{\sqrt{115^2 + 0.02}}$$

$$\fallingdotseq 0.87\ \mathrm{A}$$

問2 (a)–(2)，(b)–(2)

(a) 高調波発生機器より発生する第5調波電流 I_5〔A〕は，題意より，

$$I_5 = \frac{500}{\sqrt{3} \times 6.6} \times 0.15 \fallingdotseq 6.6 \text{ A}$$

(b) 第5調波に対する各部のインピーダンスは，

配電系統 $= \mathrm{j}6 \times 5 = \mathrm{j}30\,\%$

直列リアクトル付きコンデンサ設備 $= \mathrm{j}50 \times \left(6 \times 5 - \dfrac{100}{5}\right)$

$$= \mathrm{j}500\,\%$$

以上より，第5調波に対する等価回路は図のとおりである．

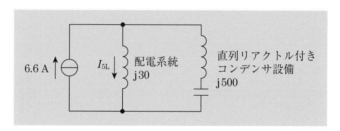

したがって，配電系統に流出する第5調波電流 $I_{5\mathrm{L}}$〔A〕は，

$$I_{5\mathrm{L}} = \left| \frac{\mathrm{j}500}{\mathrm{j}30 + \mathrm{j}500} \right| \times 6.6 \fallingdotseq 6.2 \text{ A}$$

問3 (2)

1線完全地絡事故が発生したときの等価回路をテブナンの定理で表せば，次の図のようになる．

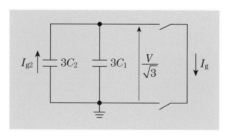

I_g：地絡電流

$I_{\mathrm{g}2}$：需要設備側に流れる地絡電流

$3C_2$：需要設備側の三相分の全対地静電容量

$3C_1$：配電線路側の三相分の全対地静電容量

上図の回路で，相電圧を回路中に入れた等価回路図で表すと，下図となる．

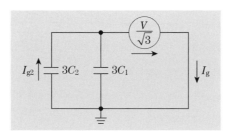

図より，需要設備側に流れる地絡電流 I_{g2}〔mA〕は，

$$I_{g2} = \omega 3C_2 \times \frac{V}{\sqrt{3}}$$

$$= 2\pi \times 50 \times 3 \times 0.05 \times 10^{-6} \times \frac{6600}{\sqrt{3}} \times 10^3 \text{ mA}$$

$$= 180 \text{ mA}$$

（参考）この需要設備の対地静電容量を介して流れる電流 I_{g2} は，需要設備側から配電線側に流れるものであり，この電流で需要設備側の地絡継電器が動作（不必要動作という）してはならない．通常，需要設備側の地絡継電器のタップは配電線側との保護協調上 400 mA 以下に整定されているので，I_{g2} がこの値を超えるようであれば，需要設備側に地絡方向継電器（需要設備側の地絡のときのみ動作）を設置する必要がある．

★索引

©Yukio Tokii 2023

電験3種Newこれだけシリーズ

これだけ法規　改訂4版

2005年 2月10日	第1版第1刷発行
2011年10月31日	改訂1版第1刷発行
2016年 9月16日	改訂2版第1刷発行
2019年10月28日	改訂3版第1刷発行
2023年 6月 1日	改訂4版第1刷発行

著　者　　時　井　幸　男

発行者　　田　中　　聡

発　行　所

株式会社　電　気　書　院

ホームページ　https://www.denkishoin.co.jp

(振替口座　00190-5-18837)

〒101-0051　東京都千代田区神田神保町1-3 ミヤタビル2F

電話(03)5259-9160／FAX(03)5259-9162

印刷　株式会社シナノ パブリッシング プレス

Printed in Japan／ISBN 978-4-485-11945-7

- 落丁・乱丁の際は，送料弊社負担にてお取り替えいたします．
- 正誤のお問合せにつきましては，書名・版刷を明記の上，編集部宛に郵送・FAX（03-5259-9162）いただくか，当社ホームページの「お問い合わせ」をご利用ください．電話での質問はお受けできません．また，正誤以外の詳細な解説・受験指導は行っておりません．

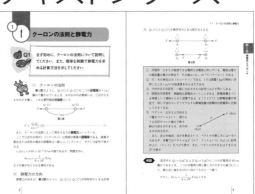

書籍の正誤について

万一，内容に誤りと思われる箇所がございましたら，以下の方法でご確認いただきますようお願いいたします．

なお，正誤のお問合せ以外の書籍の内容に関する解説や受験指導などは**行っておりません**．このようなお問合せにつきましては，お答えいたしかねますので，予めご了承ください．

正誤表の確認方法

最新の正誤表は，弊社Webページに掲載しております．書籍検索で「正誤表あり」や「キーワード検索」などを用いて，書籍詳細ページをご覧ください．
正誤表があるものに関しましては，書影の下の方に正誤表をダウンロードできるリンクが表示されます．表示されないものに関しましては，正誤表がございません．

弊社Webページアドレス
https://www.denkishoin.co.jp/

正誤のお問合せ方法

正誤表がない場合，あるいは当該箇所が掲載されていない場合は，書名，版刷，発行年月日，お客様のお名前，ご連絡先を明記の上，具体的な記載場所とお問合せの内容を添えて，下記のいずれかの方法でお問合せください．
回答まで，時間がかかる場合もございますので，予めご了承ください．

	郵送先	〒101-0051 東京都千代田区神田神保町1-3 ミヤタビル2F ㈱電気書院　編集部　正誤問合せ係
FAXで 問い合わせる	ファクス番号	**03-5259-9162**
		弊社Webページ右上の「**お問い合わせ**」から **https://www.denkishoin.co.jp/**

お電話でのお問合せは，承れません